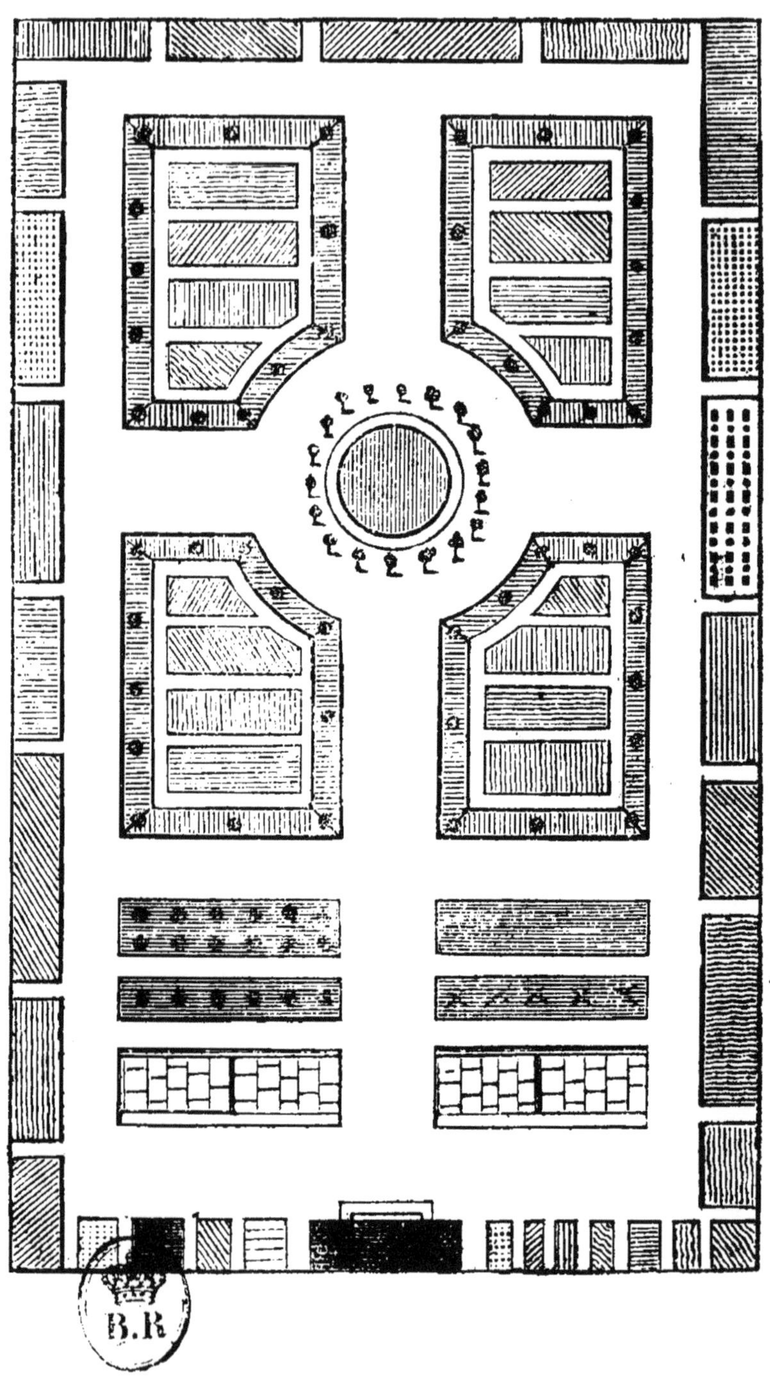

B.R

PETIT

GUIDE-MANUEL

DU

JARDINIER POTAGER

ET FRUITIER,

FAISANT SUITE AU JARDINIER-FLEURISTE.

Par RAGONOT-GODEFROY,

Jardinier, membre de la Société d'horticulture,
auteur du Traité des œillets, et de la Nouvelle classification
applicable à toutes les variétés de fleurs.

Orné de figures.

PARIS.

P.-J. GAYET, ÉDITEUR,

QUAI DES ORFÉVRES, 56;

Chez l'AUTEUR, aux Champs-Élysées, avenue Marbœuf, 9.

1842

PARIS. — IMPRIMERIE DE RIGNOUX,
rue des Francs-Bourgeois-S.-Michel, 8.

A LA SOCIÉTÉ D'AGRICULTURE.

MONSIEUR LE PRÉSIDENT [1],

En vous priant de faire accepter à la savante Société royale d'agriculture et d'accepter vous-même l'hommage bien modeste de ce tout petit livre, je crois devoir vous rendre compte des inspirations qui l'ont dicté.

Il me semble qu'il existait dans les publications utiles une lacune qui ne pouvait être remplie que par un ouvrage à la portée de tout le monde, et j'ai fait tous mes efforts pour la remplir. Il en est de l'horticulture comme de l'agriculture : ce sont les praticiens et les petits propriétaires ayant le plus besoin de s'instruire qui en ont le moins de moyens, d'abord par le manque de temps,

---

[1] Pressé par la saison, nous n'avons pas pu attendre le rapport bienveillant de la Société d'agriculture ; nous le ferons connaître plus tard.

et quelquefois aussi faute de pouvoir atteindre au prix élevé des ouvrages publiés sur ces matières. J'ai donc pensé qu'un traité fort court, très-concis, et surtout très-bon marché, renfermant les principes fondamentaux de la culture, suffisamment développés pour mettre sur la bonne voie les intelligences les plus simples, mais avec assez de concision pour occuper peu de pages, pourrait encore être utile à cette classe du public qui a peu d'instants et d'argent à consacrer à son instruction. Je crois me flatter que tous les faits nécessaires et les plus importants, et d'une utilité reconnue, se trouveront dans mon petit livre, et que le jardinier, comme l'amateur, pourra y puiser tout ce qu'il est indispensable de connaître.

Dans le cadre que j'ai dû adopter, il n'était pas possible d'appliquer à chaque espèce d'arbres fruitiers les divers modes employés pour sa taille, et de faire par conséquent autant de longs chapitres qu'il y a d'espèces. J'ai donc généralisé les principes de cette opération importante, et j'ai tâché d'être assez clair pour qu'il soit aisé d'en faire l'application dans toutes les circonstances. J'en ai agi de même pour tous les autres procédés de culture : j'ai volontairement omis dans la liste des plantes de nos potagers celles qui n'y sont admises que par luxe, et dont la culture très-dispendieuse ne peut être faite fructueusement que dans les grands établissements, comme par exemple l'ananas.

Parmi les arbres fruitiers, j'ai pensé que je ne devais traiter que de ceux dont le produit a une valeur réelle d'utilité ou d'agrément, et qui, en même temps, peuvent croître à l'air libre sous le climat de la France. C'est ainsi que j'ai écarté de mon livre les chênes à glands doux, les jambosiers, les bibaciers, les groseillers dorés, et cent autres espèces qu'on voit figurer dans les ouvrages, et qui, malgré ce qu'on en peut dire, ne resteront chez nous que de simples objets de curiosité ou d'études botaniques. Enfin j'ai tâché de me resserrer, autant que possible, dans les bornes de l'utile.

Je ne sais trop si j'ai réussi dans l'accomplissement de ma tàche; mais je n'en espère pas moins, MONSIEUR LE PRÉSIDENT, que la Société royale d'agriculture me tiendra compte de ma bonne intention, et qu'elle accueillera l'hommage de mon livre.

J'ai l'honneur d'être, Monsieur,

Votre très-humble et très-obéissant serviteur,

RAGONOT-GODEFROY.

PREMIÈRE PARTIE.

—

PRINCIPES GÉNÉRAUX.

DE L'EXPOSITION.

Ce que nous avons dit dans notre Guide-Manuel du jardinier-fleuriste, sur l'exposition à donner à un jardin que l'on crée, convient parfaitement au jardin potager, lorsque l'on n'a pas le choix d'un emplacement. Mais, dans le cas où l'on aurait à tracer un jardin potager sans être aucunement gêné par des circonstances de localité, il faudrait lui donner rigoureusement les quatre expositions que nous avons appelées *mixtes,* c'est-à-dire que les quatre murs d'enclos regarderaient, l'un le nord-est, le second le nord-ouest, le troisième le sud-ouest, et le quatrième le sud-est. Comme on le voit, on n'aurait pas d'exposition franche au midi, mais aussi on n'aurait point d'exposition au nord, et l'on pourrait cultiver des arbres en espalier contre les quatre murailles, dont les deux plus mal exposées, celles du nord-est et du nord ouest, n'en jouiraient pas moins des rayons du soleil pendant quelques heures par jour.

Dans tous les cas, lorsque l'on cultive des plantes potagères qui exigent beaucoup de chaleur, telles que les patates, les aubergines, les melons, etc., il est fort aisé de leur créer une exposition artificielle : il ne s'agit pour cela que de placer, au nord de la couche où on les cultive, des paillassons étendus dans une position verticale, maintenus avec des piquets, et formant ainsi un abri qui brise le vent du nord et renvoie la chaleur tout aussi bien qu'une muraille.

Cependant, si l'on voulait se livrer exclusivement à une culture spéciale, comme font les habitants de Montreuil pour la culture du pêcher, il serait bien de disposer le jardin de manière à offrir l'exposition de la manière la plus favorable pour ce genre de culture. C'est ainsi que les cultivateurs du village que nous venons de nommer font élever dans leurs jardins de nombreuses murailles à l'exposition du midi, afin de multiplier autant que possible, dans un espace borné, le nombre de leurs espaliers de pêchers. Ces murailles ont à peu près six à huit pieds de hauteur ; elles sont parallèles, et la distance entre chacune est calculée de manière à ce qu'elles ne peuvent se porter mutuellement de l'ombre.

DU TERRAIN.

Nous avons dit dans notre Guide Manuel du jardinier-fleuriste que la qualité du terrain, dans un jardin d'agrément, n'était pas une nécessité absolue, parce que, au moyen des engrais, on vient toujours à bout de créer un bon sol. Ici il n'en est pas tout à fait de même, surtout quand il s'agit de la culture des gros légumes. Il est certain que, dans un bon sol, ces espèces produisent considérablement plus que dans ceux qui sont maigres et peu fertiles, malgré la quantité d'engrais que l'on est obligé d'employer dans ces mauvais terrains.

Il est encore une autre considération qu'il ne faut pas négliger : c'est que les engrais augmentent la quantité de la récolte en poids, mais non pas en qualité. Il est certain que les légumes venus à force d'engrais et d'arrosements sont beaucoup inférieurs en qualité à ceux qui, plus petits, proviennent d'un sol fertile et peu fumé. Il y a plus, on a remarqué à Paris que certains engrais, par exemple la poudrette, communiquent un mauvais goût aux légumes.

Il est donc essentiel que le terrain du potager soit d'une bonne qualité ; et pour reconnaître sa fertilité, nous n'indiquerons point d'autre méthode que l'observation de la végétation qui s'y trouve. Mais il ne suffit pas que le sol soit fertile, il faut encore que la couche de terre végétale soit profonde ; car beaucoup de plantes, par exemple les salsifis, scorsonères, carottes, etc., s'enfoncent verticalement, et ne réussissent parfaitement que lorsqu'elles peuvent s'étendre à l'aise en profondeur. En outre, il faut que la couche végétale, profonde au moins de quinze à dix-huit pouces, ne repose pas sur un lit de tuf ferrugineux, dans lequel les racines des arbres ne peuvent s'enfoncer sans y trouver une mort plus ou moins prompte. Un lit de glaise imperméable aux eaux de pluie est tout aussi mauvais, parce qu'il entretient une humidité stagnante dans le sol, très-nuisible à toutes les plantes, dont elle pourrit les racines. Les meilleurs fonds sur lesquels peut reposer la terre végétale , sont ceux de sable, de galets, de pierrailles et même de roche, quand celle-ci a été minée à trois ou quatre pieds de profondeur.

Les *terres fortes*, quand elles ne sont ni froides ni humides, sont généralement bonnes, et produisent des légumes très-gros et d'assez bonne qualité ; mais elles ont l'inconvénient d'être difficiles à travailler et surtout à ameublir, de former une croûte très-dure à leur surface lorsqu'elles sont battues par la pluie, et de ne permettre que très-difficilement au semis de percer la terre pour lever. On pare à tous ces graves inconvénients en les mélangeant avec du sable, ou avec des vieux terreaux consommés.

Les *terres franches* sont sans contredit celles qui conviennent le mieux aux jardins potagers. Selon que le sable ou l'argile y domine, elle est plus ou moins forte ou légère ; et si elle manque de l'un ou de l'autre, il est facile de réparer ce défaut.

La *terre légère* convient parfaitement aux semis et aux plantes délicates ; mais ordinairement elle contient moins de sucs nutritifs que la terre franche, et exige par conséquent plus d'engrais. Quelquefois aussi, lorsqu'elle est très-poreuse, elle laisse évaporer trop vite les eaux de pluie et d'arrosement, et a le défaut des terres sèches. Néanmoins nous avons vu des terres très-légères, et même entièrement sablonneuses, produire des récoltes énormes, au moyen d'arrosements soutenus. Les légumes qu'elles produisent sont ordinairement d'une qualité supérieure.

Le *terreau* est le résidu des vieilles couches et autres engrais entièrement consommés et réduits à l'état terreux. Dans ce cas, il a perdu toutes ses propriétés nutritives, et finit bientôt par être totalement stérile; mais quand il n'est qu'à moitié, ou même au trois quarts consommé, toutes les plantes délicates y végètent avec une grande vigueur. Dans tous les cas, il convient parfaitement pour alléger et rendre poreuses les terres trop fortes et trop compactes.

Ici se borne la nomenclature des terres utiles au jardin potager, et ce n'est que très-rarement, et seulement pour quelques plantes cultivées sous châssis, que l'on emploie les composts ou terres composées, dont nous parlerons à l'article de ces plantes.

DES ENGRAIS.

Nous devons considérer ici les engrais sous un autre point de vue que nous l'avons fait dans notre petit Guide Manuel du jardinier-fleuriste, parce que leur emploi emporte d'autres conséquences. Nous avons déjà dit plus haut que certains d'entre eux communiquent aux légumes un mauvais goût, et doivent par conséquent être exclus du jardin potager, malgré leur activité reconnue : tels sont les excréments humains et ceux de porc, ainsi que les chairs en décomposition, la corne, et en général toutes les matières animales d'une odeur désagréable.

On exclut aussi des jardins potagers ceux dont l'action est fort lente, quoique de longue durée : d'où il résulte que, dans la pratique usuelle, on n'emploie guère que les fumiers proprement dits, les vases et boues de rue, et le terreau de feuilles.

Comme on le sait, on nomme *fumier* un mélange de paille ou autre litière, imprégné des excréments et de l'urine des animaux. Il offre sur les autres engrais l'avantage de pouvoir être employé promptement, parce qu'il se décompose fort vite, d'avoir une grande énergie sur la végétation, et d'être assez commun pour qu'on puisse se le procurer partout et en tout temps. Son action varie en raison de l'espèce d'animal qui l'a fourni. Celui de cheval est le plus employé dans les jardins; il est chaud et très-propre à composer d'excellentes couches; aussi est-ce celui-là que les maraîchers emploient presque toujours à cet usage.

Le fumier d'âne et de mulet est un peu plus chaud que celui de cheval; mais comme les animaux qui le fournissent sont peu nombreux, on ne l'emploie pour ainsi dire que par exception.

Le fumier de mouton est le plus chaud de tous; on en fait des couches qui fermentent promptement, et donnent un haut degré de température; mais cette vive chaleur se soutient moins longtemps. Du reste, ceci résulte d'une règle générale et sans exception, savoir : que plus un fumier, quel qu'il soit, entre promptement en fermentation et donne plus de chaleur, moins cette chaleur se soutient longtemps.

Dans tous les cas, les fumiers de cheval, d'âne, de mulet et de mouton, sont les meilleurs que l'on puisse employer dans les terres froides et humides.

Le fumier de vache et de bœuf a beaucoup moins de chaleur que les précédents, et, pour cette raison, convient beaucoup mieux aux terres sèches et brûlantes. Rarement on en fait des couches, parce qu'elles s'échauffent plus lentement, et que leur chaleur est moins vive ; aussi la conservent-elles plus longtemps.

Les boues de rue et les vases forment un excellent engrais ; mais on ne peut guère les employer qu'après les avoir laissé se *mûrir* en tas au moins pendant un an. Les boues de rue, en particulier, ont plus ou moins d'énergie, en raison du plus ou moins de débris animaux et végétaux qu'elles contiennent ; aussi celles des villes très-populeuses sont-elles beaucoup plus énergiques que celles des villages. Rarement on fait des couches avec cet engrais, si ce n'est pour les melons, et cependant elles donnent de la chaleur, et surtout la conservent fort longtemps.

Les *feuilles sèches* font aussi des couches qui conservent leur chaleur beaucoup plus longtemps qu'aucune autre ; et lorsqu'elles sont à demi consommées, elles fournissent un engrais excellent pour toutes les natures de terrain, mais surtout pour ceux qui sont compactes et alumineux.

Enfin, il n'est pas jusqu'aux râclures d'allées, aux brindilles des arbres détachées par la taille, aux tiges sèches des plantes vivaces, aux balayures de maison, etc. etc., qui ne puissent utilement servir pour confectionner le premier lit des couches, et ensuite fournir un excellent engrais.

DES AMENDEMENTS.

Cet article sera court, parce que, pour le jardin potager, très-rarement on fait usage des amendements, si ce n'est, comme nous l'avons dit, pour alléger une terre trop compacte en la mélangeant avec du sable ou du terreau consommé, ou pour rendre plus forte une terre trop légère, en y apportant de la glaise ou de l'argile. Quant à la chaux, au plâtre, à la marne, etc., on n'en fait jamais usage pour l'amendement des jardins, et surtout des jardins potagers.

DES ARROSEMENTS.

A la rigueur on peut employer à l'arrosement des légumes toutes les eaux que l'on a à sa disposition ; néanmoins celles des puits et des fontaines froides ne doivent être employées qu'après avoir séjourné au moins vingt-quatre heures dans des tonneaux exposés à l'air et aux rayons du soleil. Ces tonneaux sont, chez nos maraîchers, enfoncés dans la terre à l'un des coins de chaque grand carré, et l'eau y est conduite, à mesure qu'on la tire d'un puits, au moyen de tuyaux en plomb ou simplement de couloirs en planches. L'eau de puits est généralement la plus mauvaise pour les arrosements, parce que, non-seulement elle est froide comme celle des fontaines, mais encore elle contient en dissolution une plus ou moins grande quantité de sélénite, dont la propriété est de communiquer aux légumes qui en ont été arrosés une grande difficulté à cuire. Les haricots et les pois sont surtout sujets à se durcir par l'absorption des eaux séléniteuses, au point de devenir d'une cuisson presque impossible.

Les eaux de ruisseaux et de rivières sont excellentes pour les arrosements; mais il faut, comme les précédentes, les laisser s'échauffer pendant vingt-quatre heures. Les eaux des fleuves, des larges rivières, des lacs et des étangs sont très-bonnes et peuvent être employées sur-le-champ; mais les meilleures de toutes sont celles des mares boueuses et exposées continuellement au soleil. Plus elles renferment de détritus organiques apportés par les eaux de pluie qui balayent les chemins, plus elles sont corrompues, meilleures elles sont, parce qu'alors elles remplissent les fonctions d'engrais.

Il est fort important d'arroser les plantes potagères en temps utile, selon les saisons. On conçoit aisément que lorsque les nuits sont longues et froides, comme au printemps et en automne, en arrosant le soir on nuirait à la végétation en hâtant le refroidissement qu'éprouve nécessairement la terre pendant la nuit. Il faut donc, pour éviter ce grave inconvénient, arroser le matin pendant ces deux saisons. Le soleil qui vient de suite échauffer la terre après l'arrosement, protége la végétation, empêche que son cours soit interrompu par la froide température qu'amène l'humidité; en outre, pendant le cours de la journée, le sol a le temps de se *ressuyer* et d'absorber une dose de calorique qui se maintient pendant une partie de la nuit au bénéfice de la végétation. Lorsque, au contraire, les jours sont longs, les nuits courtes et la chaleur forte, c'est-à-dire en été, il faut arroser le soir, parce que pendant la nuit la terre retiendra plus longtemps une humidité salutaire aux plantes. Dans ce cas, il ne faut pas craindre d'arroser le feuillage ; mais si on arrose le matin ou pendant la journée, il faut se donner de garde de mouiller les feuilles, car elles ne manqueraient pas d'être brûlées par les rayons d'un soleil ardent qui les surprendraient couvertes de gouttes d'eau. Dans tous les cas, il est essentiel de ne pas battre la terre avec l'eau des arrosements, surtout sur les semis, parce que la croûte qui se formerait à la surface intercepterait les influences atmosphériques nécessaires à la nutrition, et les plumules délicates des jeunes plantes périraient sous la terre, faute de pouvoir en percer la surface.

Toutes les plantes n'exigent pas la même quantité d'arrosements, comme nous le dirons à l'article de chacune, mais toutes, sans exception, périssent dans une terre absolument sèche, et s'accommodent fort bien d'un sol *humide sans être mouillé*. Expliquons-nous : si en prenant une poignée de terre, vous la voyez humide sans cependant qu'elle vous mouille les doigts en la froissant dans vos mains, elle est au point hydraumétrique le plus favorable à la végétation de toutes les plantes non aquatiques. Mais si la terre, en la froissant dans vos mains, vous mouille les doigts et s'y attache, aussi longtemps qu'elle est à ce degré d'humidité, la végétation du plus grand nombre des plantes potagères est suspendue, ou au moins ces plantes n'absorbent que des sucs aqueux qui nuisent à leurs qualités alimentaires. On peut conclure de ce principe qu'il serait au mieux d'arroser souvent et peu à la fois ; mais comme ceci n'est guère possible, surtout dans les grands jardins, il faut calculer la quantité d'eau à donner à chaque plante, de manière à ce que le sol conserve le plus longtemps possible une humidité salutaire, et soit noyé le moins possible. L'expérience, sur ce sujet, en apprendra plus que nous ne pourrions en dire. D'ailleurs, les plantes, en courbant leurs tiges et leurs feuilles vers la terre, montrent assez quand elles ont besoin d'eau ; le talent du jardinier consiste, non pas à satisfaire ce besoin, mais à le prévenir, sans cependant donner trop d'eau.

DES LABOURS.

Les labours sont indispensables dans toutes les cultures, mais plus encore pour celles du potager que pour les autres. Ils ont pour objet, non-seulement d'ameublir la terre, mais encore de la retourner et d'amener à la surface celle du fond, et *vice versa* ; plus ils sont profonds, meilleurs ils sont, à la condition néanmoins qu'on n'atteindra pas un tuf stérile, qui nuirait beaucoup au sol si on le ramenait à la surface. Lorsque l'on crée un jardin, et surtout un verger, il est toujours fort utile, mais non indispensable, de défoncer le sol à deux ou trois pieds de profondeur. Ensuite il suffit de faire les labours annuels à la profondeur d'un bon fer de bêche, c'est-à-dire, à 9 à 10 pouces ou un peu plus. Les premiers labours, qui se font pendant les beaux jours d'hiver, depuis décembre jusqu'à la fin de février, doivent rigoureusement être faits à la bêche, fig. 1 ; les autres, qui, à proprement parler, ne sont que des sortes de binage, peuvent à la rigueur s'exécuter à la houe, fig. 3, et ne se font même guère autrement dans les pépinières, plants d'artichauts, et autres cultures de grandes plantes à racines vivaces.

Outre le grand labour d'hiver, il est indispensable d'en donner un à fond, chaque fois qu'un carré ou une plate-bande doit être semé ou planté après l'enlèvement d'une récolte. Dans toutes les circonstances, il convient d'ameublir parfaitement la terre en en brisant les mottes, enlevant les pierres, etc.; puis on en unit la surface au moyen du rateau.

Le *binage* est une sorte de labour peu profond, qui a pour but de nettoyer la terre des mauvaises herbes, d'en ameublir la surface, et de briser la croûte qui empêche les influences atmosphériques de pénétrer dans son sein ; il s'exécute avec la binette, fig. 3, qui n'est rien autre chose qu'une petite houe.

Le *serfouage* a le même but que le binage, mais il se fait moins profondément et beaucoup plus souvent. On l'exécute avec la *serfouette*, fig. 2.

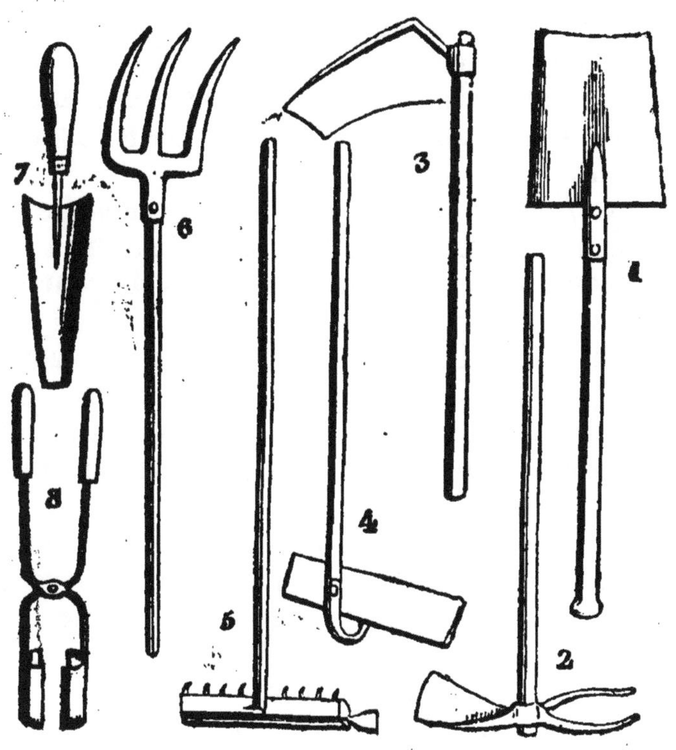

DES OUTILS DE JARDINAGE.

Nous ne répéterons pas ici ce que nous avons dit des outils de jardinage dans notre volume du jardin d'agrément, et nous nous bornerons à donner les figures des instruments aratoires les plus en usage partout, ce qui veut dire les plus utiles et les plus commodes. Nous laisserons aux amateurs le plaisir de vanter une foule d'instruments nouveaux dont on peut fort bien se passer dans la pratique.

La *bêche*, fig. 1, varie dans ses proportions, en raison de la force de celui qui en fait usage. Selon l'estimation des meilleurs jardiniers, la lame doit avoir dix pouces de hauteur, sur sept pouces six lignes de largeur dans le haut, et six dans le bas, vers le taillant.

La *serfouette*, fig. 2, est une sorte de petite binette dont la lame porte une petite fourche à son côté opposé. Elle est extrêmement commode pour biner et sarcler à travers les semis.

La *pioche* ou la *houe* sert à donner les labours qui exigent peu de profondeur. On l'emploie aussi pour faire les binages entre les grandes plantes cultivées en lignes ou en quinconce, comme par exemple les artichauts, etc.

La *binette* n'est rien autre chose qu'une houe dans de petites proportions. On s'en sert également pour biner entre les plantes robustes et espacées.

La *ratissoire*, fig. 4, sert à entretenir la propreté dans les allées du potager.

Le *rateau*, fig. 5, est indispensable pour recouvrir les semis, pour unir la surface de la terre que l'on vient de labourer et en retirer les pierres et les mauvaises herbes.

La *fourche* ou *trident*, fig. 6, s'emploie pour remuer les fumiers, pour labourer dans les terres fortes ou pierreuses, pour biner au pied des arbres, enfin pour arracher les récoltes de racines ou de tubercules.

La *houlette* ou *transplantoir*, fig. 7, n'est pas aussi utile au jardinier-maraîcher qu'au fleuriste; cependant on trouve fréquemment l'occasion de s'en

servir avec avantage, surtout dans les cultures délicates.

Il en est de même pour le *transplantoir à branches*, fig. 8.

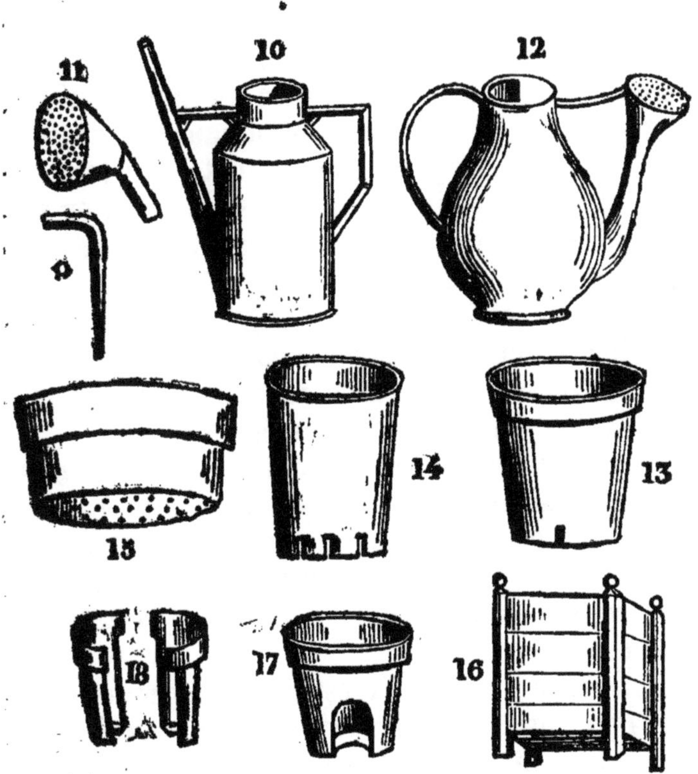

Le *plantoir* ou *féchou*, fig. 9, consiste simplement en un morceau de bois cylindrique, de dix-
huit lignes de diamètre et d'un pied de longueur,
pointu à un de ses bouts. Celui que nous avons représenté est fait avec un morceau de bois ayant une

courbe propre à faire une manette. On s'en sert pour faire un trou dans la terre, lors de la transplanta-tion, afin d'y placer les racines des jeunes plantes que l'on repique.

Le *cordeau* est de toute nécessité pour tracer sur la terre les sillons ou lignes dans lesquels on sème certaines plantes, comme les épinards, etc. Il est attaché par chacun de ses bouts à un piquet pointu, de dix pouces de longueur et d'un pouce et demi de diamètre. Par le moyen de ces piquets on le tend sur le sol, et, avec la binette on creuse le sillon en sui-vant exactement le cordeau et prenant garde de le déranger de sa direction.

L'*arrosoir en fer-blanc*, fig. 10, a l'avantage d'être fort léger, et c'est pour cette raison qu'on lui donne souvent la préférence dans les jardins d'ama-teurs. La fig. 11 représente sa pomme.

L'*arrosoir en cuivre*, fig. 12, convient mieux dans les établissements, parce qu'il est beaucoup plus solide et d'une durée considérablement plus grande. Il y en a dont la pomme est fixe; d'autres n'ont qu'un simple goulot, et on y ajoute une pomme à volonté.

La *terrine*, fig. 15, n'est pas indispensable dans le potager, mais elle est souvent utile pour faire des semis de graines fines, telles que tomates et autres, afin de hâter la germination au moyen des couches ou abris, dès les premiers jours du printemps; on repique les jeunes plants quand la saison est sûre et la terre suffisamment échauffée.

Le *pot à ananas*, fig. 14, devient nécessaire pour la culture de cet excellent fruit, parce qu'il tient beaucoup moins de place que ceux d'une autre forme dans les couches de tan.

Enfin, les vases figurés n⁰ˢ 13, 16, 17, et surtout le pot à marcottes, fig. 18, sont très-souvent utiles.

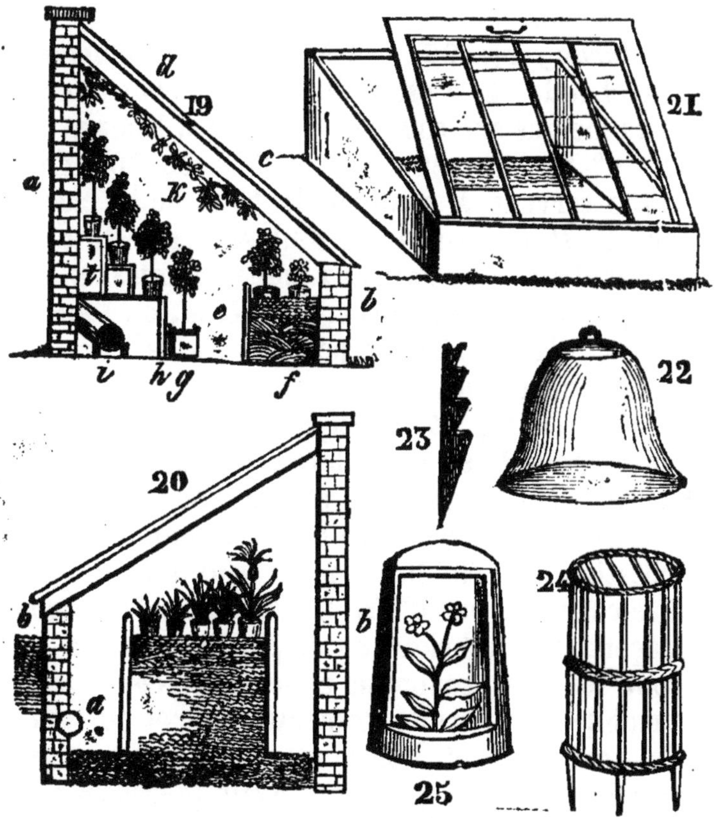

DES ABRIS.

L'abri le plus simple, le plus employé et le plus utile au jardin potager, est le *paillasson*. Nous ne le décrirons ni ne le figurerons, parce qu'il n'est pas un garçon jardinier qui ne sache le fabriquer. On s'en sert pour abriter des gelées les châssis, les couches, les jeunes semis de pleine-terre, les serres et bâches, et les espaliers de pêchers dans le temps de la floraison.

La *cloche*, fig. 22, sert à couvrir les semis sur couche chaude. Elle est indispensable pour la culture des melons sur couche à l'air libre. Nous avons figuré, n° 23, la petite *crémaillère* en bois dont les crans servent à soutenir le bord de la cloche quand il est nécessaire de soulever celle-ci d'un côté pour donner de l'air aux jeunes plantes. Quelquefois, au moyen de trois crémaillères, on soulève entièrement la cloche pour permettre à l'air de circuler plus librement.

Le *châssis*, fig. 27, n'est rien autre chose qu'un coffre sans fond, en bois, large de 3 pieds et demi à 5 pieds, selon le besoin, et recouvert d'un panneau vitré qui s'ouvre et se ferme à volonté. Il y a des châssis fixes, établis en place pour toujours, et dont le coffre au lieu d'être en planches est construit en maçonnerie de brique ou de pierre. D'autres, et ce sont les plus communs et les plus commodes, sont mobiles, construits en menuiserie, et portatifs. On les transporte où l'on veut, et on les pose sur les couches chaudes que l'on avait précédemment élevées à l'air libre. Ils sont toujours utiles, mais ils deviennent surtout indispensables pour la culture des primeurs.

La *bâche*, fig. 20, tient le milieu entre la serre et le châssis. Sa grandeur est tout à fait arbitraire, mais cependant les plus petites ne peuvent guère avoir moins de 7 pieds de largeur sur 12 de longueur. Quand on les destine à la culture des ananas, comme celle que nous avons représentée, la couche occupe quelquefois le milieu, et les panneaux vitrés sont un peu plus inclinés que dans le châssis; quand on la dispose pour obtenir des légumes de primeur, on donne moins d'inclinaison aux panneaux, et l'on ne laisse qu'un sentier le long d'un des côtés, ou entre deux couches. Les bâches sont enterrées, ainsi que les châssis, jusqu'à la hauteur que nous indiquons en *b, b*. Nous montrons, en *a*, le tuyau d'un poêle que l'on place dans les bâches à primeurs, mais dont on peut se dispenser pour les légumes d'une culture ordinaire.

La *serre à primeur*, fig. 19, ne diffère de la bâche que parce qu'elle est plus élevée, que les panneaux sont moins inclinés, et que la chaleur y est constamment entretenue au moyen d'un poêle dont nous montrons le tuyau en *i*. Dans notre figure, nous avons figuré la couche sur le devant, et, sur le derrière, un gradin sur lequel on dépose des pots de fraisiers, etc. Mais ce gradin est le plus souvent remplacé par une autre couche, ou par un espalier de vignes.

La *cage*, fig. 24, est en osier, d'une fabrication grossière et peu dispendieuse. En été, elle sert à préserver les graines du pillage des oiseaux; en hiver, on en couvre les pieds d'artichaut, on remplit de paille ou de feuilles sèches les intervalles entre les cages, et l'on bouche le dessus de la cage avec un tampon de paille que l'on ôte toutes les fois que la température permet de donner de l'air et de la lumière.

Le *contresol*, fig. 25, n'est guère en usage dans le potager ; cependant on peut l'employer pour hâter la maturité des aubergines, en les garantissant du vent du nord et des froides influences du ciel étoilé des nuits.

Si quelques lecteurs désirent avoir plus de détails sur les matières que nous avons traitées jusqu'ici, nous les renvoyons à notre premier volume, traitant des plantes d'agrément.

DES COUCHES.

On nomme *couche* un lit de fumier, ou autre matière susceptible de donner de la chaleur par la fermentation, destiné à recevoir des semis hâtifs, ou à préserver les plantes du froid, concurremment avec les autres moyens employés. Le jardinier-maraîcher ne distingue guère, au moins dans les circonstances les plus générales, que deux sortes de couches : la *couche chaude* et la *couche tiède*.

La couche chaude sert à faire, dès le mois de janvier, et quelquefois décembre, jusqu'à la fin d'avril, des semis de plantes à primeurs, tels que pois, haricots, laitues, melons, etc. etc., dont on veut hâter la récolte, ou dont on veut se procurer la jouissance dans une autre saison que celle déterminée par la nature. Pour ce dernier résultat, la couche chaude s'élève sous châssis, dans une bâche, ou dans une serre, tandis que pour obtenir simplement des produits plus hâtifs, on élève la couche en

plein air, mais à l'exposition la plus chaude du jardin.

Dans tous les cas, il est important de savoir bien
confectionner une couche, et c'est ce que nous
allons enseigner ici. Nous emprunterons pour cela
un article de M. Noisette, extrait de son excellent
Manuel. « On pratique deux sortes de couches
chaudes à l'air libre, dit-il : 1° les *couches sour-
des* ou *encaissées*, 2° les *couches bordées*. Toutes
deux se préparent avec du fumier d'âne, de mulet,
ou plus généralement de cheval. On doit l'employer
sortant de l'écurie, et avant qu'il ait séjourné et
commencé à fermenter en tas; la litière imbibée
d'urine est excellente pour cela.

« Quant à la grandeur que doit avoir chaque
couche, elle varie selon l'usage auquel on la destine ; mais elle doit toujours être suffisante pour
que son volume permette la fermentation du fumier. De décembre en février on ne leur donnera
que 2 pieds et demi à 3 pieds de largeur, afin de
pouvoir plus aisément leur communiquer une nouvelle chaleur, au moyen de réchauds, quand elles
commenceront à la perdre. A cette époque, leur
épaisseur doit être de 3 pieds de fumier au moins.
Celles que l'on fait dans les autres mois de l'année
ont moins besoin de réchauds, parce que les rayons
du soleil ont déjà pris de la force : aussi pourra-
t-on leur donner de 4 à 4 pieds et demi de largeur,
et une épaisseur de 2 pieds sera suffisante. Dans tous
les cas, elles devront avoir plus d'épaisseur quand
elles seront posées sur un terrain humide que quand
elles le seront sur une terre sèche et poreuse. Si

l'on fait plusieurs couches, on les placera par rang, parallèlement les unes aux autres. L'intervalle qu'on doit laisser entre chacune, pour placer les réchauds de fumier neuf, sera de 1 pied pendant la belle saison, et de 18 pouces en hiver. Si on élevait une couche seule, *il* faudrait qu'il y eût un espace de **2 pieds** libre tout autour, afin de pouvoir placer un réchaud de cette largeur.

« *On* nomme *réchauds* des cordons de fumier neuf et chaud dont on entoure les couches, afin de leur communiquer la chaleur qui résulte d'une nouvelle fermentation. Ils doivent avoir la largeur que nous venons d'indiquer, mais leur hauteur doit dépasser celle de la couche, parce qu'ils baissent beaucoup et qu'on est même obligé de les recharger peu de jours après. Lorsqu'ils sont placés et bien piétinés, si on veut hâter la fermentation, on jette quelques arrosoirs d'eau dessus, et cela a encore l'avantage d'empêcher le fumier de brûler.

« Pour faire une *couche sourde* ou *encaissée*, on creuse une fosse de 2 pieds de profondeur environ, dans un terrain léger et très-sec, et on en garnit le fond avec des platras, des gravois, ou même avec du bois de fagotage. La largeur et la longueur de la fosse sont indifférentes, parce qu'on n'y place jamais de réchauds, mais cependant la largeur ne peut être moindre de 2 pieds et demi. Si l'on craignait l'humidité, on couvrirait les parois du trou avec des planches, en laissant entre celles-ci et la terre un espace vide de 1 pouce à peu près. Ensuite on étend au fond un lit de 5 à 6 pouces de fumier chaud, que l'on tasse le mieux possible en le piétinant; sur celui-ci on en met un second que l'on traite de la même manière; sur ce second un troisième, puis un quatrième qui doit élever la couche au-dessus du niveau du sol. On égalise parfaitement le dessus de la couche, et on y étend un lit de terreau ou de terre préparée, d'une épaisseur calculée sur la nature des plantes que l'on doit y cultiver, et dépassant de beaucoup la surface du sol, parce que, lorsque la couche se sera baissée, elle se trouvera de niveau et souvent même enfoncée. Pour hâter la fermentation, on peut, si le fumier de la couche est sec, jeter dessus quelques arrosoirs d'eau avant d'y placer le terreau. Ces couches demandent moins de temps et moins de soins pour les faire, et fournissent plus tôt du terreau, parce que l'on a la facilité d'y laisser le fumier s'y consommer un temps convenable, pendant lequel on cultive dessus des plantes qui demandent peu ou point de chaleur. Mais aussi elles ont l'inconvénient de se refroidir plus vite que les autres.

«Quant aux *couches bordées* ou ordinaires, voici comment elles se font. Après avoir marqué avec des piquets et un cordeau la place qu'une couche doit occuper, on y étend un premier lit de fumier chaud, composé de grande litière. Avec une fourche on retrousse la paille sur les côtés, de manière à ce que tous les bouts se trouvent en dedans, et que le surplus fasse une espèce de dos en dehors sur les côtés; on refait un second lit que l'on range de même, puis on unit, on bat avec la fourche, et on piétine en reportant un peu de fumier dans les endroits où il en manquerait pour que l'épaisseur fût parfaitement égale. La couche doit être également garnie partout, car s'il en était autrement, quand elle s'affaisserait, elle le ferait plus dans les endroits faibles, et le terreau de dessus formerait des trous ou s'entasserait dans ces places. On continue à ranger des lits les uns sur les autres jusqu'à ce qu'elle ait la hauteur suffisante. Il est essentiel de charger davantage le milieu, car, sans cela, ils formeraient des creux à cause de la grande épaisseur que la paille ployée donne aux côtés. Après qu'elle a été bien marchée et piétinée, on l'arrose s'il est nécessaire, et on la charge aussitôt de terreau, que l'on ne dresse et unit qu'au moment de semer, c'est-à-dire quand la plus forte chaleur est passée. On se sert pour cela d'une planche large de 10 pouces ou un peu plus, que l'on place sur les côtés, à 2 pouces environ du bord ; on la maintient ferme avec la main gauche et le corps, et, avec la main droite, on tasse le terreau contre, afin de lui donner assez de solidité pour se soutenir seul ; et, pour plus grande sûreté, on forme le bord de terreau un peu en talus. Quand il est ainsi dressé, on enlève la planche pour la reporter plus loin et opérer de même, et ainsi de suite jusqu'à ce qu'on ait fait le tour de la couche. Il faut, lorsque tout est fini, que le terreau ait en tous sens un demi-pied de moins en surface que la base de la couche, et il doit être parfaitement uni.

« Lorsqu'une couche est établie, il faut, avant de semer dessus, que la chaleur soit tombée à un degré convenable, ce qui arrive ordinairement après six à dix jours, selon la température de l'atmosphère et la qualité du fumier. Pour s'en assurer, on enfonce de temps en temps la main dans le terreau, et lorsqu'on en peut aisément soutenir la chaleur, on sème sans inconvénient.

« Quelquefois il arrive qu'une couche, après avoir été plantée ou semée, se remet de nouveau à fermenter et développe une chaleur considérable, nuisible aux jeunes plants, et que l'on doit attribuer à l'eau des arrosements. Dans ce cas, il faut la *larder*, c'est-à-dire, y ouvrir des ventouses avec un bâton pointu. D'autres fois, au contraire, on a pu la laisser surprendre par le froid, faute d'y avoir placé les réchauds en temps opportun. En attendant que ceux-ci puissent communiquer de la chaleur à la couche, on tire par le côté une poignée de fumier à deux ou trois pouces en dessous du terreau sur lequel est placée chaque plante qui pourrait en souffrir. Si, pour former des couches, on n'avait pas de fumier également chaud, que tout ne sortît pas immédiatement de l'écurie, il faudrait le mélanger très-exactement, car, s'il s'en trouvait plus d'un côté de la couche de celui qui serait resté quelque temps en tas, ce côté s'échaufferait plus vite, mais aurait moins de chaleur et la conserverait moins longtemps. »

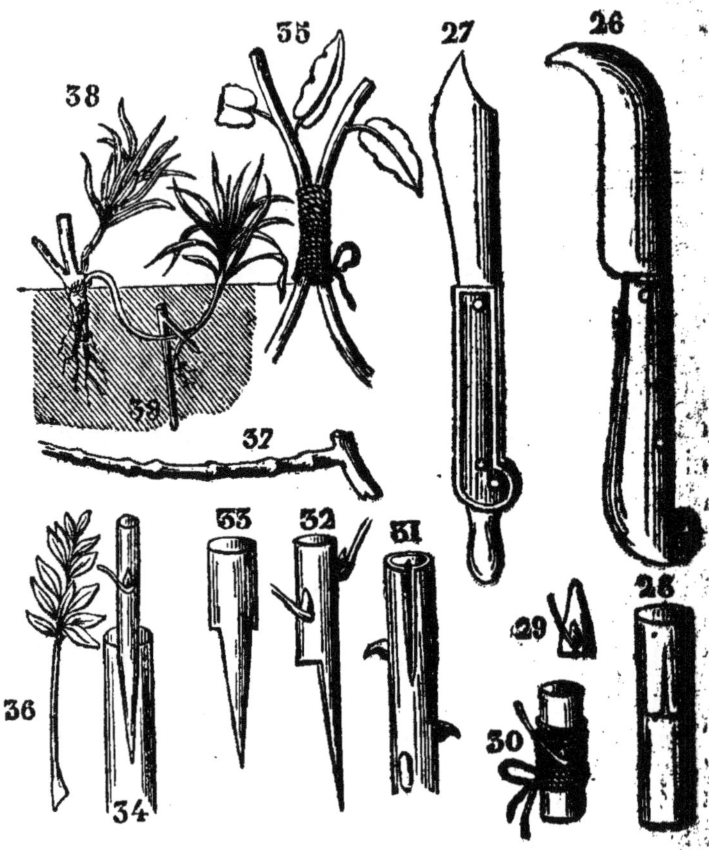

DE L'ÉDUCATION DES PLANTES.

L'éducation des végétaux qui constituent le potager et le verger forme la partie la plus difficile de
l'art horticultural ; aussi allons-nous traiter de cette
matière avec tout le soin dont nous sommes capable ,
sans néanmoins nous étendre trop sur des détails

auxquels le lecteur intelligent peut très-bien sup-
pléer.

MULTIPLICATION.

On multiplie les végétaux utiles : 1° par leurs graines; 2° par leurs gemmes; 3° par leurs racines; 4° par
leurs tiges, dont on fait des boutures ou des marcottes.

DES SEMIS.

La première chose à observer c'est de semer de
bonnes graines; on les reconnaît pour telles quand
elles sont pleines, lourdes, sans rides, et qu'elles ont
conservé leur forme ordinaire après la dessiccation.
Les graines conservent leur propriété germinative
pendant plus ou moins longtemps, selon les espèces,
et l'expérience seule peut guider là-dessus le cultivateur. On croit que les vieilles graines donnent
communément des fruits meilleurs, mais que les sujets sont plus faibles, tandis que les nouvelles fournissent une végétation beaucoup plus vigoureuse en
tiges, branches et feuilles. On ne doit recueillir les
graines que lorsqu'elles sont en parfaite maturité,
et choisir, parmi celles que l'on recueille, les plus
lourdes et les mieux conformées. Aussitôt qu'elles
sont cueillies on les place dans un lieu aéré et à
l'ombre et on les y laisse se dessécher ; puis, lorsqu'elles sont sèches, on les place dans des sacs de
papier, sur des tablettes, dans un lieu sec et à l'abri
de la gelée. Quelques graines sont munies de membranes, d'aigrettes, de poils ou d'autres appendices
dont il faut les débarrasser avant de les semer ; pour

cela on les frotte entre les mains avec du sable fin
et des cendres. On mêle également les graines très-
fines avec du sable ou des cendres, quand on les
sème, afin de faire un semis plus égal.

On peut hâter beaucoup la germination des graines, surtout celles des noyaux, en les faisant *stratifier* comme nous le disons dans notre Guide Manuel du jardinier-fleuriste, page 40.

Avant de semer il faut préparer le terrain et l'ap-
proprier à la nature de la plante que l'on doit semer.
Plus le végétal est délicat et d'une germination difficile, plus le terrain doit être léger. Mais, dans tous
les cas, il doit être parfaitement préparé par des labours et des engrais convenables, nettoyé de tout
corps étrangers, tels que racines, pierrailles, herbes,
chiendent, etc.

Les modes de semis varient selon la nature des
végétaux, la grosseur des graines, et même la nature du terrain. Dans les sols argileux et humides,
on ne doit semer que tard, quand la saison est assez
avancée pour que le sol soit échauffé; les graines
doivent aussi s'enterrer moins profondément. On
peut semer plus tôt, et même quelquefois avant ou
pendant l'hiver, dans les terrains légers, chauds et
à bonne exposition. Mais le plus grand nombre des
semis se fait au printemps, de février en mai. Quel-
ques-uns se prolongent, ou plutôt se renouvellent
plus ou moins souvent depuis le printemps jusqu'à
l'automne.

Il y a plusieurs manières de semer; chacune nous
fournira un court article.

1° *Semis à la volée.* On aplanit la surface du sol

au rateau, on jette les graines à la main , et avec de l'habitude on parvient à les disperser également. On les recouvre en passant une seconde fois le rateau. Les semis clairs fournissent des sujets plus vigoureux qué les semis épais , mais cependant il vaut mieux semer un peu épais que trop clair, parce que l'on peut toujours éclaircir les plants quand il y en a trop. Ce principe s'applique à tous les semis.

2° *Semis en rayons.* On prépare le terrain comme pour le précédent, puis , au moyen du cordeau et d'un sarcloir , ou seulement d'un plantoir , on trace des rayons plus ou moins profonds et plus ou moins éloignés les uns des autres, selon l'espèce que l'on veut semer. La profondeur ne doit guère varier entre un pouce ou deux. On y jette la graine et on la recouvre au rateau avec la terre que l'on a déplacée en creusant les sillons.

3ᵈ *Semis en pochet.* Il consiste, quand le terrain est préparé, à faire avec la pioche ou la binette un trou plus ou moins large et profond , selon l'espèce que l'on doit semer, et à y jeter de trois à huit graines qui doivent former une touffe. A une distance déterminée on fait un second trou, et on jette la terre dans le premier pour le remplir et couvrir les graines. On passe à un troisième trou en remplissant le second, et ainsi de suite jusqu'au dernier, que l'on recouvre avec de la terre prise à côté. On place ordinairement les pochets en échiquier ou en quinconce, et on les espace selon le développement présumable que doit prendre chaque touffe de plantes.

4° *Semis en pépinière.* Il ne diffère du semis en

rayons que parce qu'on place les graines à la main, une à une, dans les sillons, après les avoir fait stratifier. On l'emploie pour les noyaux des arbres fruitiers.

5° *Semis sur couche.* Ils ne diffèrent des précédents que par la saison où on les fait.

Soins a donner aux semis. On arrose, on sarcle, non-seulement pour détruire les mauvaises herbes, mais encore pour ouvrir les pores de la terre et pour empêcher qu'elle ne se plombe, et que sa surface ne forme une croûte dure, épaisse, que les plantules ne peuvent pas percer. On évite cet inconvénient en *paillant.*

Le *paillage* consiste à couvrir le semis avec une certaine épaisseur de terreau très-peu consommé, tel qu'on le retire d'une vieille couche, ou de paille menue provenant des débris d'une couche. Enfin, quelquefois on se borne à étendre sur le semis un lit plus ou moins épais de grande litière brisée sous les pieds des animaux. Si le semis a été fait en automne, et que les froids de l'hiver soient rigoureux, il convient non-seulement de pailler avec de la grande litière, mais encore de recouvrir le paillage avec des paillassons ou des feuilles sèches.

Lorsque les plantes sont levées il faut redoubler de soins. Il est quelquefois utile de les garantir d'un soleil trop ardent, au moyen de toiles ou de paillassons. On maintient une humidité douce et égale au moyen d'arrosements modérés mais souvent répétés. On défend les plantules contre les insectes et les limaces ; on éclaircit les parties trop épaisses, et avec le plant qu'on en ôte, on regarnit les parties

trop claires ; on arrache les mauvaises herbes, on
sarcle, on bine, etc.

DE LA MULTIPLICATION PAR GEMMES.

Sous le nom de *gemmes*, nous comprenons ici les
ognons, les caïeux, les bulbilles ou soboles. Les
ognons, lorsqu'on les relève de terre, à l'époque où
les tiges et les feuilles sont desséchées, sont garnis
autour du collet ou plateau d'autres petits ognons
nommés *caïeux*, et auxquels ils ont donné naissance.
On détache ces caïeux de leur mère, et on les plante
comme nous le dirons des ognons, à cela près qu'on
les enterre moins, et proportionnellement à leur
grosseur. Ils exigent aussi une exposition plus chaude
et un terrain plus léger. Plusieurs plantes liliacées,
et entre autres l'ail, produisent, au lieu de fleurs et
à la même place, des petites bulbes nommées *bulbilles ou soboles*, que l'on détache lorsque les fanes se
dessèchent, et qui se plantent et cultivent comme les
caïeux. Les *tubercules* sont des sortes de réceptacles
charnus portant des yeux capables de se développer
et de fournir de nouveaux individus, comme, par
exemple, les patates, les topinambours, les pommes
de terre. Chaque œil peut être enlevé séparément et
replanté, pourvu qu'on lui laisse une petite portion
de la partie charnue du tubercule.

Les ognons se lèvent ordinairement de terre aussitôt que les fanes sont desséchées, et se replantent
aussitôt qu'on en a séparé les caïeux, si la plante ne
craint pas le froid, ou au printemps suivant si elle

craint la gelée. Il en est de même pour toutes les plantes bulbeuses.

Les tubercules qui craignent le froid, tels que la patate et la pomme de terre, se lèvent en automne, et se conservent dans un lieu sec et à l'abri de la gelée jusqu'au printemps, époque à laquelle on les remet en terre.

Dans tous les cas, les plantes bulbeuses ou tuberculeuses exigent une terre très-meuble, très-substantielle et surtout bien défoncée. On les plante dans des trous faits soit au plantoir, soit à la pioche, depuis un pouce de profondeur jusqu'à trois ou quatre, et même plus, selon leur grosseur.

DE LA MULTIPLICATION PAR RACINES.

Quelques plantes potagères, par exemple l'oseille, le fraisier, etc., se multiplient par la séparation de leurs touffes de racines, que l'on sépare en les éclatant ou déchirant. Cette opération se fait en automne si l'on veut hâter les produits; mais elle est plus sûre au printemps, surtout dans les terrains froids et humides.

DE LA MULTIPLICATION PAR BOUTURES.

Ici nous ne pouvons que répéter ce que nous avons dit dans notre premier volume, et cela en faveur des personnes qui ne le posséderaient pas. En effet, ces modes de multiplication ne diffèrent en rien, soit qu'on les emploie dans le potager, le verger, ou le rdin d'agrément. On nomme *bouture* un rameau, ou toute autre partie d'un végétal, que l'on détache de l'individu pour le mettre en terre, lui faire produire des racines et former un nouvel individu. Tous les végétaux reprennent de bouture, mais avec plus ou moins de facilité, selon les espèces. On a remarqué que, parmi les plantes, celles qui ont les tiges charnues reprennent plus aisément que les autres, et que, parmi les arbres et arbrisseaux, ce sont ceux qui ont l'écorce la plus succulente et épaisse, et l'étui médullaire le plus large. Il y a plusieurs sortes de boutures que nous allons énumérer.

La *bouture simple* est la plus facile et la plus employée. Dès le mois de février, au moment de la taille des arbres, et particulièrement de la vigne et du cognassier, on peut commencer à préparer des boutures. Pour cela, on coupe immédiatement au-dessous d'un œil des branches de l'année précédente ; on les réunit en petites bottes, et on les enterre de deux à trois pouces dans du sable humide, à l'abri du vent et de la gelée, jusqu'au moment de la plantation. On peut encore, si on le veut, couper les boutures au moment même où on doit les planter. Dans une terre bien ameublie et préparée convenablement à l'exposition du levant, si l'on ne met pas en place de suite, on fait, en avril, un trou, on y enfonce la bouture de manière à ce qu'elle ait trois ou quatre yeux hors de terre, on remplit le trou avec du terreau que l'on comprime légèrement. Il ne reste plus qu'à arroser pendant les chaleurs et les sécheresses.

La *bouture à talon* se fait avec un rameau que

l'on détache de sa mère en l'arrachant, de manière à ce qu'il reste un morceau de vieux bois, comme nous le montrons dans la fig. 36.

La *bouture à crossette*, particulièrement en usage pour la vigne, consiste à laisser au rameau de l'année un morceau de bois de deux ans, comme nous le montrons dans la fig. 37.

La *bouture étouffée* se fait comme les précédentes, seulement on la recouvre d'une cloche ou d'un entonnoir de verre pour la priver d'air et d'une partie de lumière; on les lui rend peu à peu, quand elle a commencé à pousser.

La *bouture étouffée sur couche*. Elle se fait comme les précédentes, mais sur couche chaude ou tiède, et on la recouvre également d'une cloche ou d'un entonnoir de verre. Quelquefois il est même nécessaire de la priver tout à fait de lumière pendant les premiers jours. Comme on ne traite ainsi que les plantes très-délicates, ces boutures se font dans de la terre de bruyère, ou au moins très légère. Les mois de mai et de juin sont les plus favorables pour faire toutes les boutures étouffées.

Nous terminerons cet article des boutures en prévenant nos lecteurs que l'on doit bien se donner de garde de les priver de leurs feuilles quand elles en ont, parce que ce sont elles qui fournissent de la nourriture à la jeune bouture avant qu'elle ait émis des racines.

DE LA MULTIPLICATION PAR LA GREFFE.

La greffe ne multiplie pas les individus, mais seulement les variétés; elle ne sert pas non plus, comme on a cru, à former de nouvelles variétés, mais à conserver et à multiplier celles que l'on a obtenues par le semis ou par l'effet d'une maladie. On compte un grand nombre de manières de greffer, mais nous n'enseignerons ici que celles qui sont utiles, et avec lesquelles on peut remplacer toutes les autres.

De la *greffe en fente*. Elle se fait au printemps, au moment précis où la végétation commence, mais avant que les boutons soient très-gonflés. On coupe sur l'arbre à multiplier un rameau de l'année précédente, bien aoûté et bien sain, muni de bons yeux, plus petit que le sujet qui doit le recevoir ou au plus de la même grosseur. On tranche la tête du sujet, on aplanit l'aire de la coupe, et on y fait une fente longitudinale, comme nous le montrons dans la fig. 31. Il est bien, lorsqu'on le peut, que la fente n'occupe qu'un côté de la tige. Cela fait, on taille la base de la greffe en biseau, ou plutôt en lame de couteau, comme nous le montrons dans la fig. 32, où on la voit de profil, et dans la fig. 33, où on la voit de face. Il faut avoir le soin., en la taillant, qu'il y ait un œil directement au-dessus du dos de la lame, et un ou deux autres dans le reste de la longueur, qui ne doit pas excéder de plus de un à trois pouces. On y ajuste la greffe, comme on le voit dans la fig. 34, avec la précaution indispensable de faire parfaitement coïncider l'écorce du sujet avec celle de la greffe. Si cette dernière ne se trouve pas serrée naturellement par la tige du sujet, on l'entoure d'un tour ou deux de fil de laine, puis on applique dessus la *cire à greffer,* dont voici la composition :

Poix résine.	2 parties.
Cire jaune.	2 *id.*
Suif.	1 *id.*

On fait fondre et on mélange parfaitement. Quand le mélange est parfait, on y ajoute du carreau pilé très-fin, en quantité suffisante pour donner à ce mastic, quand il est refroidi, une grande fermeté. On l'étend sur la greffe avec un pinceau, pendant qu'il est encore chaud, mais pas assez pour la brûler.

La *greffe en couronne* n'est rien autre chose que la réunion de plusieurs greffes en fente, sur la même aire de coupe d'un sujet plus ou moins gros. Selon la grosseur de la tige, on place deux, trois ou quatre greffes.

La *greffe à la Pontoise,* dont on se sert pour greffer de très-jeunes sujets dont la tige souvent ne dépasse pas la grosseur d'un tuyau de plume de poulet, se fait à peu près comme la greffe en fente, dont elle n'est qu'une modification. On taille le rameau en biseau, mais avec un angle saillant du côté du bois; puis on taille également le sujet en biseau, mais avec un angle rentrant dans lequel l'angle saillant de la greffe doit s'ajuster avec la plus grande justesse. On conçoit que le sujet et la greffe doivent être absolument de la même grosseur, pour qu'il y ait une exacte coïncidence des écorces. Le reste se fait comme dans la greffe en fente.

La *greffe en écusson* se fait de deux manières, à *œil poussant* et à *œil dormant ;* dans tous les cas elles ne diffèrent que par l'époque où on les fait. La première, à œil poussant, se fait en mai, un peu plus tôt ou un peu plus tard, selon la saison, mais toujours dans le moment de la plus grande sève : elle prend son nom de ce qu'elle pousse de suite. Celle à *œil dormant* se fait en août ou en septembre, lors de la seconde sève, et ne pousse qu'au printemps suivant. Ces deux greffes se font en T droit, et quelquefois, surtout pour les orangers, en ɹ renversé. Dans tous les cas le procédé est le même.

Sur le sujet à multiplier, on lève un écusson d'écorce semblable à celui que nous avons représenté fig. 29, mais avec la pointe en bas et non en haut. Il faut avoir le soin qu'il y ait un bon œil au milieu de l'écusson, et surtout de laisser dans son écorce un germe que l'on aperçoit au centre de l'œil à son intérieur. Pour faire cette opération commodément, on doit employer le greffoir que nous avons figuré sous le numéro 27. On fait ensuite au sujet une fente horizontale, puis sur celle-ci une autre longitudinale, comme on le voit fig. 28. Avec la lame d'ivoire du greffoir on soulève de chaque côté l'écorce du sujet, on y glisse l'écusson avec le soin de l'y ajuster de manière à ce que son intérieur joigne bien à l'aubier du sujet, puis on maintient le tout au moyen de plusieurs tours de fil de laine, comme on le voit fig. 30.

Lorsqu'on lève l'écusson, il est utile de laisser le pétiole de la feuille placée sous l'œil, parce qu'il sert à reconnaître , avant qu'elle ait poussé , si la greffe est reprise. Quand le pétiole persiste et reste en séchant attaché à l'écusson , on peut croire que la greffe est manquée. Quand, au contraire, quinze ou vingt jours après l'opération il tombe au moindre attouchement, c'est qu'elle est reprise.

La *greffe en approche*. Pour qu'elle soit praticable , il faut que le sujet qui doit fournir la greffe et celui qui doit la recevoir soient assez près l'un de l'autre pour qu'une branche du premier puisse toucher la tige du second. Aussi se pratique-t-elle le plus ordinairement sur des végétaux en pots ou en caisses , que l'on peut déplacer à volonté. On fait sur la greffe et le sujet une plaie bien nette , d'un pouce de longueur , plus ou moins, selon la grosseur des sujets , et entaillée jusqu'à mi-bois ou un peu moins. On réunit les deux plaies, et en les rapprochant l'une de l'autre on a le soin de faire coïncider leurs écorces. On fait une ligature pour tenir les sujets en place, comme on le voit dans la figure 35. Un mois après on commence à faire une entaille peu profonde à la branche de la greffe un peu au-dessous de la ligature ; peu à peu on augmente cette entaille , et enfin on finit , en coupant tout à fait la branche , de sevrer la greffe.

DE LA MULTIPLICATION PAR MARCOTTES.

Ce mode de multiplication ne s'emploie guère , dans le potager et le verger, que pour quelques plantes vivaces et pour le noisetier, la vigne , etc. L'opération de marcotter consiste à coucher dans la rre, de 3 à 6 pouces de profondeur, une branche flexible, et à la maintenir dans cette position au moyen d'un crochet en bois, comme on le voit fig. 38, afin de l'y faire prendre racine. On la fait au printemps. L'année suivante, à la même époque, on sèvre la marcotte de sa mère, on la lève de terre, et on la met en place.

Il y a plusieurs sortes de marcottes, mais comme ce mode de multiplication appartient plus particulièrement à la culture des plantes d'agrément, nous renvoyons le lecteur au volume où nous traitons spécialement de cette matière.

DE LA PLANTATION.

Les plantes potagères cultivées dans nos jardins ont besoin de soins particuliers, chacune dans son espèce, pour conserver les utiles qualités que souvent elles ne doivent qu'à l'art du jardinier. A leurs articles respectifs nous enseignerons les soins spéciaux que chacune exige en particulier, et nous donnerons ici les soins généraux qui conviennent à toutes. La plantation et le repiquage se font le plus généralement au printemps et à l'automne. Mais, pour un grand nombre de plantes, on est obligé de les faire pendant tous les mois de l'année.

En général, pour la transplantation des arbres et arbrisseaux de pleine terre, il convient de la faire en automne, depuis le moment où les arbres sont entièrement défeuillés jusqu'en décembre; on peut même continuer tout l'hiver quand la terre n'est pas gelée. Mais dans les sols gras, humides et froids, on fait bien d'attendre le printemps. On fait à l'avance un trou de 2 ou 3 pieds au moins de profondeur sur autant de largeur ; on jette au fond quelques pelletées d'un bon engrais bien consommé, en mélange avec la terre provenant de la surface du sol ; on place dessus les racines de l'arbre à transplanter, avec le soin de les étendre convenablement et de leur rendre autant que possible leur position naturelle ; on fait glisser entre elles de la terre bien ameublie, de manière à ne laisser vide aucun interstice ; puis on achève de remplir le trou, en foulant de temps en temps la terre, mais avec précaution pour ne pas briser le chevelu. Il est rigoureusement nécessaire de n'enfoncer l'arbre que jusqu'au collet, et surtout de ne pas enterrer la greffe. Sous aucun prétexte on ne touchera aux racines d'un arbre avant de le planter, et surtout sous celui de les *rafraîchir*, comme disent les jardiniers ignorants. Cependant si l'arbre a des racines brisées ou déchirées, il faut les enlever. Quelquefois l'arbre, venu de graine, a un pivot fort long : si la terre végétale est peu profonde et qu'elle repose sur un tuf stérile, il convient de couper le pivot.

Nous avons fixé la profondeur des trous destinés à recevoir la plantation à 2 ou 3 pieds de profondeur ; mais il est bien entendu que ceci est un terme moyen qui ne s'applique qu'aux quenouilles, espaliers et autres arbres de petite taille. S'il s'agissait de planter des plein-vent sur franc, ou des espèces qui prennent un grand développement, telles que noyers, châtaigniers, il faudrait faire des trous de 4 pieds en tous sens.

Les plantes vivaces, soit qu'on les ait obtenues d'éclats, de marcottes ou de semis, se plantent avec les mêmes précautions que nous avons indiquées pour les arbres. On doit également préparer un trou pour les recevoir, y étendre leurs racines à l'aise, les recouvrir d'une terre fine et meuble, afin qu'elle puisse s'insinuer aisément dans tous les vides qui se trouvent entre le chevelu. On la comprime légèrement autour du collet, afin d'affermir la tige, et l'on donne les autres soins généraux. Toutes les plantes ne reprennent pas également bien à la transplantation : il en est un bon nombre que l'on doit abriter des rayons du soleil, au moyen de paillassons, jusqu'à parfaite reprise; d'autres, encore plus délicates, veulent être privées d'air sous une cloche, et recouvertes de paillassons, au moins pendant les cinq ou six premiers jours. Quand la reprise est assurée, on leur rend de l'air, mais peu à la fois, afin de les y accoutumer.

L'opération de transplanter les plantes annuelles se nomme *repiquage*. Il n'est jamais déterminé sur la saison, mais bien sur l'âge et la force de la plante. Ordinairement c'est lorsqu'elle a développé cinq ou six feuilles que le repiquage à racines nues se fait avec le moins de chances de perte. Avec une houlette de jardinier on soulève doucement la plante de dessus la couche où elle a été élevée ; on ménage soigneusement son chevelu délicat, et on y laisse toute la terre qui s'y trouve attachée. Avec la même houlette on fait un trou à la place qu'elle doit occuper, on l'y place, et l'on ramène la terre sur ses racines en la comprimant légèrement autour du collet.

Quand il s'agit du repiquage de plantes robustes et d'une reprise facile, que, de plus, on doit planter en grand nombre, on se sert du plantoir ou féchou. Après avoir ameubli le terrain convenablement par de bons labours, on fait, avec cet instrument, des trous aux distances calculées. On tient la tige de la plante de la main gauche, on la place dans le trou, et, avec la main droite et le plantoir, on l'y fixe en pressant la terre contre ses racines; on passe à une autre plante, et ainsi de suite; puis on arrose, et tout se borne là.

CONDUITE D'UN JARDIN POTAGER.

C'est pendant l'hiver que le jardinier qui cultive des légumes doit accomplir ses plus importants travaux, car d'eux dépendront les produits à obtenir dès le commencement du printemps. Il débutera par établir ses couches, et il les tiendra plus étroites que dans les autres saisons, afin de pouvoir plus aisément maintenir leur chaleur au moyen de réchauds qu'il renouvellera souvent. Il y repique les plantes semées avant les froids; il y fait des semences de radis, laitues, cresson, cerfeuil; il y plante de l'oseille, de l'estragon, du persil, des griffes d'asperges, afin d'obtenir des produits pendant l'hiver. Un peu plus tard il commence à semer des concombres hâtifs, et même à risquer quelques melons sous châssis. S'il a des serres à primeurs, c'est le moment d'activer la végétation au moyen d'une chaleur artificielle et soutenue.

On peut risquer, en pleine terre, à exposition très-chaude et bien abritée, des pois hâtifs et des fèves de marais. On butte et enterre les brocolis. Vers le milieu de l'hiver, si le temps est rigoureux et la gelée profonde, on s'occupe des travaux extérieurs, du transport des terres, etc. On construit des couches tièdes et chaudes, sur lesquelles on peut semer des concombres, des melons, des choux-fleurs tendres. On y cultive des laitues crêpes et gottes, des fournitures de salades, des radis, des raves, de la chicorée sauvage, du pourpier, de l'oseille, etc. etc. Si l'hiver n'est pas rigoureux, on peut risquer en pleine terre, au midi, des fèves de marais, des pois hâtifs.

Lorsque les grands froids sont passés, et que l'on peut compter sur le beau temps, on donne une grande extension aux travaux du potager. On continue à forcer sur couche et dans la serre ; ou peut semer en pleine terre, non-seulement toutes les plantes déjà mentionnées, mais des laitues, des choux, des ognons, porreaux, ciboules, panais, carottes, épinards, persil, pois, fèves de marais, etc. ; on repique les bordures de plantes vivaces ; on met en place les choux élevés sur couches ; on sème des melons ; on plante les griffes d'asperges ; on œilletonne les artichauts.

Au commencement du printemps on sème des betteraves, carottes, scorzonères, cardons, concombres, céleri hâtif, haricots, chicorées, raves et radis, et en général toutes les plantes que nous avons mentionnées. On finit d'œilletonner les artichauts.

Vers le milieu du printemps on fait les semis pour obtenir les produits d'automne; par exemple, ceux de brocolis, choux navets à grosses côtes, navets, chicorées, escarolle, laitues, haricots, pois de Clamart.

Au commencement de l'été, on peut encore semer les espèces indiquées pour la fin du printemps, à l'exception du chou à grosses côtes et des choux-fleurs. Vers le milieu de cette saison, on n'a plus guère de semis à faire que ceux des porreaux et ciboules pour être plantés en septembre, d'ognons blancs pour être replantés en octobre, et de scorzonères. Sur la fin de la saison, on sème les laitues d'hiver, des navets, de l'oseille, des épinards, des choux, des petits radis, des raiponces, des panais, de la mâche; on sème encore des choux-fleurs destinés à être repiqués sur ados pour y passer l'hiver, des choux d'Yorck pommés et autres espèces hâtives. On replante des bordures de fraisiers, afin d'en jouir l'année suivante.

Au commencement de l'automne, on peut encore risquer de la mâche et de l'épinard; on fait la seconde semence de laitues; on risque des pois michaux au pied des murs, à exposition chaude; on repique des choux, de l'ognon blanc, des laitues; vers la fin de la saison, on élève des couches, et l'on commence des semis pour primeurs, que l'on continue pendant l'hiver.

CONDUITE DU VERGER.

Pendant l'hiver, on a peu de soins à donner aux arbres fruitiers, si ce n'est celui de les écheniller.

On peut plànter tant que la température est douce.
On fait stratifier des noyaux. Vers la fin de l'hiver,
on opère la taille des arbres ainsi que nous l'indiquerons dans le chapitre suivant. Déjà l'on peut commencer à greffer en fente.

Aussitôt le printemps venu, on met en terre les
noyaux que l'on a fait stratifier, on sème les pé-
pins en pépinière. Si on a négligé la taille de quelques arbres à noyaux il est encore temps de la faire.
On met en terre les boutures de cognassier. Vers la
fin de la saison, on ébourgeonne, on palisse, et l'on
saisit le moment de la sève pour greffer en écusson.

Pendant l'été on continue à ébourgeonner et pa-
lisser ; on saisit le moment où la seconde sève est dans
sa plus grande activité pour greffer en écusson à œil
dormant, et cette greffe peut se prolonger jusqu'à
la fin de l'été.

Lorsque les feuilles commencent à tomber, en automne, on peut déjà faire avantageusement les
transplantations d'arbres dans les terrains secs et
légers. Sur la fin de cette saison, on achève de récolter les fruits qui doivent mûrir dans le fruitier. On
met stratifier les noyaux dont la germination est très-
longue. On amende la terre, pour la préparer au labour de printemps.

DE LA TAILLE DES ARBRES FRUITIERS.

Cette opération est la plus difficile qu'il y ait en
horticulture, et il est fort rare de trouver des jardiniers qui sachent la faire avec discernement. Aussi
ne pensons-nous pas qu'un amateur puisse, avec nos

seuls préceptes, devenir jamais très-habile dans la pratique de la taille ; mais nos conseils ne lui serviraient qu'à reconnaître si son jardinier est dans les bons principes, que nous croirions lui avoir déjà rendu un grand service. Quant aux personnes qui ont déjà un peu l'expérience de la taille, nous ne doutons pas que ce que nous allons dire ne leur soit très-utile.

PRINCIPES GÉNÉRAUX DE LA TAILLE.

La taille a pour objet : 1° de forcer un arbre à donner chaque année des fruits en plus grande quantité, plus gros, et de meilleure qualité ; 2° de le soumettre à une forme déterminée, plus agréable ou moins embarrassante que celle que la nature lui aurait donnée. La taille doit se faire avec la serpette, fig. 26 de la planche des greffes, et jamais avec un sécateur. Ce dernier instrument, fort employé par les jardiniers qui tiennent plus à faire vite que bien, meurtrit toujours plus ou moins le bois, et ne permet pas une cicatrisation franche et prompte. La coupe d'un bourgeon doit se faire en biseau, comme nous le montrons dans notre dernière planche, fig. 15, de manière à ce que l'aire de la coupe *a* soit opposée au bouton *b*, et un peu au-dessus de lui, tel que nous le montrons dans la figure. Si on avait une grosse branche à couper, on le ferait avec un instrument tranchant plus fort que la serpette, et l'on aurait le soin de bien unir la plaie, et de la recouvrir avec de la cire à greffer.

Le moment le plus favorable pour opérer la taille

est le printemps, dès que la séve commence à entrer en mouvement. Cette époque, aux environs de Paris, arrive ordinairement depuis le commencement de février jusqu'au milieu d'avril. Nous allons tâcher de formuler le plus clairement possible les principes physiologiques sur lesquels la taille est établie.

1° Pour qu'un arbre jouisse de toute sa vigueur, il faut que la séve soit répartie également dans toutes ses parties. Il en résulte que lorsqu'une branche s'emporte en bois aux dépens des autres, et forme ce que les jardiniers nomment un *gourmand*, elle doit être retranchée ; si on la laisse, les autres branches maigrissent, deviennent minces, fluettes, et finissent par périr : l'arbre alors est déformé ou au moins dégarni.

2° Quelle que soit la forme que l'on veuille donner à un arbre, il ne faut pas trop le dépouiller de ses branches, car sa durée et sa vigueur dépendent en grande partie du constant équilibre existant entre ses branches et ses racines. C'est pour ne pas suivre ce précepte que les mauvais jardiniers font mourir les quenouilles de poirier dans les meilleurs terrains, à force de les mutiler. On tire la conséquence de cette règle, que, toutes les fois qu'on transplante un arbre, et que ses racines ont par conséquent souffert, il faut rabattre ses branches près de la tige pour rétablir l'équilibre.

3° Il est reconnu que la séve tend toujours à monter verticalement des racines aux branches, et qu'elle abonde dans les branches verticales et droites, au détriment des autres. On en a déduit la pratique de l'*arcure*, consistant à courber et incliner plus ou moins une branche, soit pour la forcer à émettre des bourgeons à sa base, soit pour l'arrêter dans sa végétation trop vigoureuse, et la forcer à se mettre en équilibre avec les autres. Par la même raison, si une branche paraît s'affaiblir, on la remet dans une position verticale, pour y faire affluer la sève et lui rendre sa vigueur.

4° On a remarqué que la séve développe des bourgeons beaucoup plus vigoureux sur une branche taillée court que sur une autre taillée long; et cela vient simplement de ce que la séve destinée à se porter sur un grand nombre de bourgeons ne peut plus se porter que sur un ou deux : on en a conclu que, pour obtenir du bois vigoureux et bien nourri, il fallait tailler court, et trop souvent on a abusé de ce principe pour dégarnir maladroitement le bas des quenouilles, pyramides et espaliers. Il ne faut pas croire, comme le pensent quelques personnes, que la séve se porte *avec plus de force* sur les parties taillées court : il résulte donc de ce principe que, lorsque telle partie d'un arbre sera moins vigoureuse qu'une autre, soit qu'elle ait été épuisée par une trop grande production de fruits, ou qu'elle languisse pour cause de maladie, en la taillant court pendant deux ou trois ans, on obtiendra une quantité de bois suffisante pour y ramener la séve. Mais pour réussir, il faut que cette partie soit dans toutes les autres conditions favorables, sans quoi une taille courte ne fera que donner aux autres parties une puissance de plus pour lui enlever le reste de séve qui lui restait encore.

5° La séve tend constamment à affluer à l'extrémité des branches, et à développer le bourgeon terminal avec plus de vigueur que les yeux latéraux; aussi, toutes les fois que l'on voudra obtenir le prolongement d'une branche, il faudra tailler sur l'œil à bois le plus vigoureux, et ne laisser au delà ni brindille ni lambourde qui puissent en détourner les sucs nourriciers.

6° Si on supprime une branche, la sève profite aux branches et aux rameaux voisins. Ce principe est d'une application si facile que nous ne pensons pas devoir en déduire les nombreuses conséquences; le lecteur le fera aussi bien que nous.

7° Toutes les branches qui reçoivent une grande affluence de séve produisent beaucoup de bois et peu de fruits; celles où, au contraire, elle ne se porte qu'avec peu d'abondance, produisent peu de bois et beaucoup de fruits. Si donc une branche s'emportait trop en bois, il ne s'agirait, pour la mettre à fruits, que d'en détourner la séve au moyen de l'arcure, ou en l'inclinant horizontalement. Si, au contraire, on voulait la mettre à bois, il ne s'agirait que de la redresser et de la tailler court sur deux ou trois yeux.

8° Plus on entrave la séve dans sa circulation, plus elle produit de lambourdes (rameaux à fruits) et de boutons à fruits. On a déduit de ce principe la greffe, l'incision annulaire, la perforation du tronc avec cheville, etc. etc.

9° Toutes les fois que l'on ébourgeonne ou pince une branche, on la force à produire par la

surabondance de la séve, qui, ne trouvant pas à
se faire jour par le développement du bois, donne une
grande quantité de rameaux et de boutons à fruits.
L'ébourgeonnement se fait après la première séve,
et doit se continuer une partie de l'année.

10° Plus un arbre produit de fruits, plus il s'é-
puise ; plus au contraire on le maintient en bois,
plus on augmente sa vigueur. Il en résulte qu'il
faut sagement ménager ses arbres, surtout les quenouilles et les espaliers, si l'on veut en jouir longtemps.

11° Les boutons à fruits naissent ou sur l'extrémité des rameaux, ou le long des branches. C'est
pour cette raison que tous les arbres fruitiers, le
cognassier entre autres, ne peuvent être régulièrement taillés, car on abattrait chaque fois les boutons à fruits.

12° Dans les arbres à fruits à pepins, les boutons
à fruits naissent ordinairement sur le vieux bois, et
dans les fruits à noyau, sur le bois d'une année. Le
pommier et le poirier font quelquefois exception à
cette règle générale.

13° Les boutons en se développant, dans les arbres à fruits à pepins, peuvent produire, selon les
circonstances, des boutons à bois, des brindilles
ou des lambourdes. Il est essentiel de savoir reconnaître ces trois sortes de végétation.

Le *bouton à bois* est toujours appliqué contre son
rameau, sans aucun support ou pied particulier qui
le porte et l'en écarte. Il est mince, fluet, allongé,
moins enveloppé de membranes écailleuses que les

autres, et il se prolonge au sommet en une pointe un peu courbe dans le commencement de la végéta-tion.

Les *boutons à fruits* ou *à fleurs* sont portés sur un support d'une forme et d'une nature particu-lières, nommé *brindille* ou *lambourde*. On recon-naît le bouton à fruits à sa forme plus grosse, plus arrondie, et il est toujours plus enveloppé d'écailles.

La *brindille* est une petite branche, longue de deux à cinq pouces au plus, résultant d'un avorte-ment de branche à bois, et portant les boutons à fleurs.

La *lambourde* est le support immédiat d'un ou quelquefois deux ou trois boutons à fruits; le plus souvent elle se développe sur une brindille, mais quelquefois aussi sur une branche à bois. Il lui faut ordinairement trois ans pour se former, et souvent davantage. Telles sont les règles générales de fruc-tification pour les arbres à pepins.

14° Les boutons à fleurs, dans les arbres à noyau, naissent ordinairement sur du bois de l'an-née et ne peuvent se changer en boutons à bois. On a remarqué, principalement sur le pêcher, qu'un bouton à fleur ne fructifie que lorsqu'il est placé entre deux boutons à feuilles, ou au moins à côté d'un de ces boutons. Toute branche à fruit, dans le pêcher, lorsqu'elle a donné son fruit, n'en donne plus. Il est donc nécessaire de la renouveler, c'est-à-dire de l'abattre en la taillant sur deux ou trois de ses yeux inférieurs qui se développent et fournis-sent de nouvelles branches à fruits, dont on conserve la meilleure. Cette opération, à Montreuil, se nomme *remplacement.*

15° Le vieux bois ne fournit des bourgeons que lorsqu'il y est forcé par la taille ou par la mort du jeune bois qui termine la branche. Il est donc nécessaire, dans la taille de l'espalier et de la quenouille, de ménager beaucoup les rameaux qui sont placés à la base des tiges et des branches principales, sous peine de voir l'arbre se dégarnir dans le bas pour toujours.

Nous terminerons ces principes, dont la connaissance est indispensable pour opérer une bonne taille, par quelques préceptes qui, pour n'être pas aussi indispensables, n'en sont pas moins d'une grande utilité. Tout bourgeon développé hors du temps des sèves reste le plus souvent stérile, maigre, et incapable de produire ni bois ni fruits. Les branches et les rameaux autour desquels l'air, la lumière et la chaleur ne peuvent pas librement circuler, s'étiolent, s'allongent, deviennent maigres et fluets et ne produisent plus ni fruits ni bois. Enfin, les feuilles servent à la respiration des végétaux; tout arbre qui en est dépouillé en partie est altéré dans sa santé; s'il en est dépouillé en totalité, il risque de périr. Ainsi, dans les tailles d'été, les ébourgeonnements, etc., on n'enlèvera de feuillage que ce qu'il en faudra strictement pour arriver au but qu'on se propose.

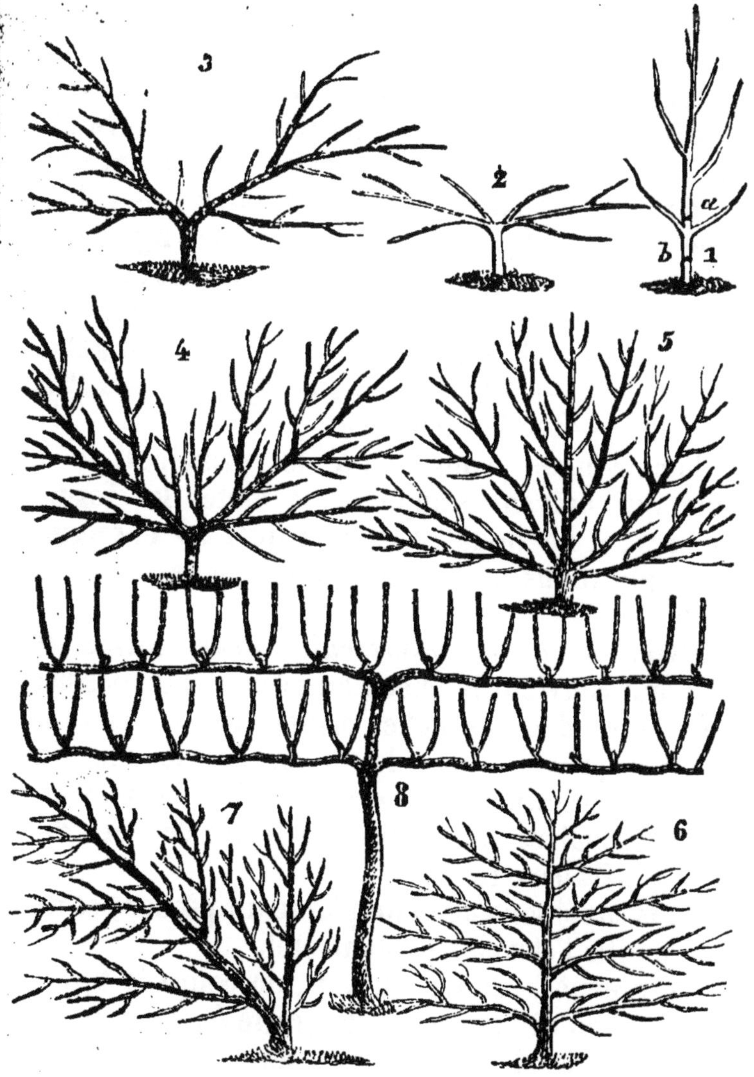

DE LA FORMATION DES ARBRES FRUITIERS.

Nous appelons *former* un arbre, le plier à une

forme particulière autre que celle que lui aurait donnée la nature. On compte plus de vingt manières de former un arbre fruitier, mais toutes peuvent se réduire à celles-ci : 1° l'espalier à la Montreuil, fig. 4 ; — 2° l'éventail ou espalier à la française, fig. 5 ; — 3° l'espalier en palmette, fig. 6 ; — 4° l'espalier oblique, fig. 7 ; — 5° la treille, fig. 8 ; — 6° la pyramide, fig. 9 ; — 7° la quenouille, fig. 10 ; — 8° la girandole, fig. 11 ; — 9° le parasol ou espalier horizontal, fig. 12 ; — 10° le vase ou gobelet, fig. 13 ; — 11° le buisson, fig. 14 ; — 12° le mi-vent ; — 13° le plein-vent.

Comme nous avons donné les principes de la taille qui doivent s'appliquer à toutes les formes d'arbres, il ne nous reste plus qu'à en enseigner les applications aux différentes espèces d'arbres fruitiers.

Espalier à la Montreuil. Cette forme est celle qui convient le mieux au pêcher. Elle consiste (fig. 4) en deux branches principales, ouvertes en V, à peu près à l'angle de 90 degrés à leur origine et garnies régulièrement dessus et dessous de branches secondaires et à fruits. La forme de cet arbre plaît généralement.

Nous supposons que l'on plante un pêcher, et que l'on veuille l'élever à la Montreuil.

La première année, fig. 1, on coupe la tige en *a*, à huit ou dix pouces de la greffe *b*, avec le soin de tourner la plaie du côté du mur. A mesure que les bourgeons se developpent, on supprime ceux qui croissent devant et derrière la tige, et l'on ne laisse que ceux qui se développent sur les côtés, en dessus et en dessous. On choisit les deux bourgeons de droite et de gauche qui doivent fournir les deux branches-mères, et on les palisse contre la muraille, en leur faisant former entre eux à peu près un angle de 90 degrés. Tous les soins à donner à l'arbre, cette première année, consistent à maintenir l'équilibre de la séve dans ces deux premières branches ; pour cela, le jardinier redressera la branche qui lui paraîtra la plus faible, ou il inclinera davantage celle qui lui paraîtrait vouloir s'emporter en bois. Il aura bientôt ainsi établi l'équilibre. Cette opération est indispensable pendant les deux ou trois premières années, car d'elle seule dépend la formation de l'arbre. En ouvrant les deux branches en V, il faut rigoureusement leur conserver leur position droite, car si on les arquait ou courbait le moindrement, le bourgeon placé en haut de l'arcure emporterait toute la sève, et le bout de la branche périrait.

Pendant la deuxième année, fig. 2, on continue à former les deux branches-mères en les allongeant, et on ne doit chercher qu'à se procurer la branche secondaire inférieure, et peut-être une branche secondaire supérieure si l'arbre était très - vigoureux. Les deux branches secondaires inférieures doivent être palissées presque horizontalement, mais cependant plutôt un peu relevées que baissées.

Pendant la troisième année, fig. 3, on s'occupera d'obtenir le prolongement des deux branches principales, et de former les deux branches secondaires supérieures. — L'ébourgeonnement du printemps peut déjà se faire avantageusement, et l'on pourra conserver quelques branches à fruits. On les reconnaît à ce qu'elles sont plus courtes que les autres, minces, grêles, et ordinairement rouges du côté du soleil.

A sa quatrième année, fig. 4, l'arbre est formé s'il a été bien conduit, et il aura deux ou trois branches secondaires supérieures et deux inférieures. Il ne s'agira plus que d'obtenir annuellement leur prolongement, sans les laisser se dégarnir de branches à fruits.

L'espalier en éventail, ou *à la française*, fig. 5, est un arbre élevé sur trois ou cinq branches principales, et convient très-bien aux pêchers, abricotiers, pruniers, cerisiers, poiriers et pommiers. Du reste, on le forme dans les mêmes principes que l'espalier à la Montreuil, si ce n'est que, dès la première ou la seconde année, on cherche à se procurer les trois ou cinq branches principales. Le difficile est d'empêcher les branches du milieu d'emporter la sève des branches latérales. Quelquefois on est obligé de redresser ces dernières, même en les faisant momentanément chevaucher sur celles du milieu que l'on incline, et l'on parvient ainsi à y ramener la sève.

L'espalier en palmette, fig. 6, consiste en une seule branche principale, ou plutôt en une tige élevée verticalement, et jetant de distance en distance, sur ses côtés, des branches secondaires, palissées horizontalement, garnies elles-mêmes de branches tertiaires et à fruits. Cette forme d'espalier convient parfaitement aux pruniers, pêchers, à quelques espèces de cerisiers, et aux poiriers.

L'espalier oblique, fig. 7, convient à toutes les espèces qui peuvent se soumettre à la forme de l'espalier ordinaire. Nous l'avons vu assez souvent employé pour garnir promptement et sans vide un mur peu élevé. Il consiste en une seule branche principale inclinée et garnie, surtout en dessous, de branches secondaires. Pendant leurs premières années on peut, afin d'avoir un mur garni de suite, les faire se recouvrir les uns les autres; puis, lorsqu'ils prennent trop de développement, on en supprime un entre deux, et on laisse monter une branche secondaire verticale, comme nous le montrons dans notre figure. Par ce moyen, le mur se trouve toujours complétement garni.

Le *contre-espalier*, aujourd'hui tout à fait passé de mode, n'est rien autre chose qu'un espalier non adossé à un mur. On peut sans inconvénient le former à la Montreuil, à la française, en palmette, etc. Au moyen de paillassons que l'on place derrière, on peut lui donner les mêmes propriétés qu'à l'espalier.

La *treille*, fig. 8, est un espalier de vigne. On doit la former sur un, deux, trois ou quatre cordons horizontaux, selon la hauteur du mur que l'on doit couvrir. Ces bras, ou cordons, sont toujours dans une direction parfaitement horizontale. De 10 pouces en 10 pouces, plus ou moins, selon que les bourgeons le permettent, on laisse développer un bourgeon qui, étant taillé sur deux yeux l'année suivante, formera ce que l'on nomme *courson*, sorte de petit chicot qui, chaque année, doit produire les deux pampres à raisins. Une fois que la

6.

treille est formée, toute l'attention du cultivateur doit se porter sur les coursons afin de les empêcher de s'allonger. Pour cela il taillera constamment sur les deux yeux les plus près de la mère-branche. Lors de l'ébourgeonnement, on abattra sans hésiter tous les bourgeons qui se développeraient partout ailleurs que sur les coursons, et on n'en laissera rigoureusement que deux sur chacun de ceux-ci. La vigne doit se tailler aussitôt que les grands froids ne sont plus à craindre, et avant le premier mouvement de la sève.

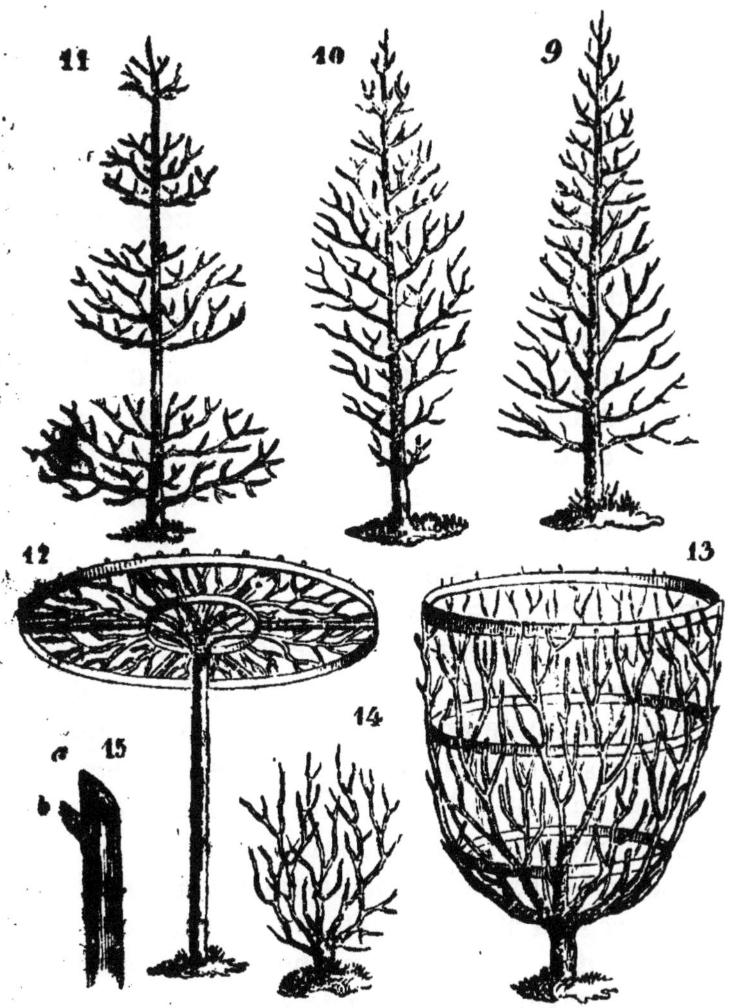

La *pyramide*, fig. 9, convient parfaitement aux poiriers, pruniers et cerisiers. Ce n'est rien autre chose qu'une quenouille dont le plus grand diamètre se trouve près de la terre. Elle a la forme d'un cône posé sur sa base. Du reste, elle se taille absolument comme la quenouille, et ses résultats sont les mêmes. Ce qu'il y a de plus difficile dans sa formation, c'est de la maintenir parfaitement garnie dans le bas, mais on y parvient avec un peu d'attention, en allongeant la taille des branches inférieures, pendant la seconde et la troisième années après la plantation.

La *quenouille*, fig. 10, est aujourd'hui la forme la plus en usage pour la taille du poirier et du pommier. Selon que l'on veut avoir des quenouilles de grandes ou de petites dimensions, on greffe sur franc ou sur cognassier pour le poirier; sur sauvageon, doucin ou paradis, pour le pommier. Le sujet se greffe à trois ou quatre pouces hors de terre, et, quand on le transplante, il faut avoir le soin de ne jamais enterrer la greffe. Lors de la taille, il faut diriger l'arbre de manière à ne jamais le laisser se dégarnir par le bas. Les branches-mères, placées autant que possible en spirale autour de la tige, ne doivent ni se chevaucher ni se mêler les unes avec les autres; l'air et la lumière doivent toujours circuler librement autour de chacune d'elles.

Lorsque les branches principales tendront à perdre leur régularité en se jetant à droite ou à gauche, il faudra tailler sur un bouton placé de manière à se développer dans le sens où l'on voudra diriger la branche. Par exemple, si la branche tend à monter verticalement le long de la tige, on taillera sur un bourgeon dirigé en dehors, et *vice versa*. La tige doit être maintenue aussi droite que possible et dans une position absolument verticale. Quelques jardiniers, du reste bien instruits, prétendent que les branches principales ne doivent porter aucune branche secondaire, mais seulement des brindilles ou branches à fruits. Nous pensons qu'on peut faire exception à ce précepte quand on doit diriger des quenouilles de très-grandes dimensions, greffées sur franc ou sauvageon.

La *girandole*, fig. 11, a l'avantage de faire jouir les fruits de toutes les influences atmosphériques, au même degré que le plein-vent, ce qui est précieux sous le climat de Paris pour quelques espèces de fruits qui, pour mûrir parfaitement et acquérir tout leur parfum, ont besoin d'une plus grande quantité d'air et de lumière que lés autres. Outre cela, les fruits de la girandole, en acquiérant toutes les qualités de ceux des plein-vent, ont encore l'avantage d'acquérir le volume de ceux des espaliers.

La girandole se taille et conduit comme la quenouille et la pyramide, à cette différence que ses branches forment de distance en distance le long de la tige des sortes de bouquets étagés, dont celui de la base très-large et les autres allant progressivement en diminuant de largeur jusqu'au sommet. Les intervalles de la tige sont absolument nus. Nous n'avons pas besoin de dire que les bouquets seront distancés en raison de la grandeur présumable que prendra l'arbre, selon qu'il est greffé sur sauvageon, franc, doucin, paradis ou cognassier. Par exemple, sur un poirier greffé sur cognassier, on pourra laisser, terme moyen, 18 pouces ou 2 pieds d'intervalle entre chaque bouquet. Chaque verticille doit aussi s'éloigner de sa voisine en raison de son ampleur. Ainsi, lorsqu'on a 3 pieds, je suppose, entre la première et la seconde, on ne devra avoir que 2 pieds et demi entre la seconde et la troisième, 2 pieds entre la troisième et la quatrième, etc.

Le *parasol* ou *espalier horizontal*, fig. 12. Cette forme ne se donne guère que par fantaisie aux arbres auxquels on veut faire acquérir une physionomie pittoresque. Du reste, le parasol est très-productif et convient fort bien aux arbres greffés sur franc et sur doucin.

Pour former un arbre de cette manière, on plante et élève le sujet comme pour faire un plein-vent, puis on lui forme une tête de cinq ou six branches principales, que l'on incline horizontalement et que l'on maintient en attitude au moyen d'un premier cerceau, comme on le voit dans notre gravure. On continue de tailler dans les mêmes principes que pour une quenouille, puis, lorsque les branches s'allongent, on ajoute un second cerceau, etc. On maintient cette légère charpente au moyen de deux ou trois traverses minces et en croix.

Le *gobelet*, fig. 13, est tout à fait passé de mode, à cause de la place qu'il occupait dans les plates-bandes. La figure que nous avons dessinée en donnera une idée suffisante, et il nous suffira d'ajouter qu'il se taille et dirige absolument comme un espalier à la française dont on aurait courbé les deux ailes de manière à les faire se toucher.

Le *buisson*, fig. 14, est un arbre que l'on laisse pousser comme il le veut, sans chercher à lui donner une forme déterminée; on se borne à le tailler manière à le maintenir fort bas et à lui faire produire des fruits. Néanmoins, il ne faut pas le laisser se charger de trop de bois, et l'on doit maintenir l'équilibre de la sève dans toutes les branches. Il faut aussi que l'air et la lumière puissent circuler suffisamment entre ses rameaux. On ne soumet guère à ce genre de taille que les pommiers nains greffés sur paradis.

Des plein-vent et mi-vent. On appelle plein-vent un arbre greffé sur sauvageon ou sur franc, élevé sur une tige unique et plus ou moins longue. On nomme mi-vent un sujet greffé sur cognassier de Portugal dans les terrains excellents et chauds, et un sujet greffé sur franc dans ceux qui sont médiocres ou mauvais. Pour l'un comme pour l'autre, on peut greffer au haut de la tige; mais il vaut mieux qu'ils le soient près de terre, parce que si le tronc vient à être cassé par un accident, on lui reforme aisément une nouvelle tête. On ne taille le plein-vent et le mi-vent que pendant les deux années qui suivent la plantation, afin de leur former une belle tête, aussi régulière que possible, évidée dans le milieu afin de permettre à l'air d'y circuler. Plus tard, si une branche paraissait vouloir s'emparer de la sève au détriment des autres, il faudrait la tailler pour rétablir l'équilibre.

Enfin, lorsqu'un arbre, quelle que soit sa forme, se charge d'une surabondance de fruits qui l'épuisent, il faut en retrancher une partie si l'on veut s'assurer une récolte pour l'année suivante.

FIN DE LA PREMIÈRE PARTIE.

DEUXIÈME PARTIE.

LE POTAGER.

Signes abréviatifs.

Plante annuelle.   ☉
— bisannuelle.   ♂
— vivace.   ♃
— ligneuse.   ♄

ABSINTHE (GRANDE) ROMAINE, ALUINE (*artemisia absinthium*). ♃ Plante aromatique, indigène. Mult. de graines, ou mieux d'éclats séparés et plantés au printemps et à l'automne. L'absinthe se cultive facilement dans tout terrain, mais elle réussit mieux à chaude exposition ; sa durée est d'une quinzaine d'années. On en fait des infusions et une liqueur très-connue.

On cultive de même l'ABSINTHE PONTIQUE OU PETITE ABSINTHE (*a. pontica*), originaire d'Italie. Son usage est celui de la précédente.

AIL (*allium sativum*). ♃ Plante bulbeuse, du midi de la France. Mult. de caïeux en planche et en bordure, au printemps, à 1 pouce de profondeur, et distancés de 4 à 5. Les plantes s'arrachent après la dessiccation des feuilles : elles se mettent en bottes et à l'abri de la gelée et de l'humidité, jusqu'au mo-

...ment de s'en servir. Terre légère, chaude, substantielle, bien préparée avec de bons engrais. L'ail est rarement employé en cuisine dans le Nord et même à Paris, mais les méridionaux en font un grand usage.

AIL D'ESPAGNE, ROCAMBOLE (*a. scorodoprasum*). L'odeur de cette plante est plus forte que celle de la précédente. Mult. de bulbiles, et culture de la précédente.

ALLÉLUIA, OXATIDE, PETITE OSEILLE, SURELLE, PAIN DE COUCOU (*oxalis acetosella*). ♃ On trouve cette plante dans les bois de presque toute la France. Mult. d'éclats ou par semis au printemps. Terre légère, amendée de terreau de feuilles. Exposition ombragée, ou chaude avec arrosements. Cette plante a le goût de l'oseille, mais elle est plus acide, et pour cette raison elle est plus employée dans les arts qu'en cuisine. On en tire le sel d'oseille.

AMBROISIE, CHENOPODE (*chenopodium ambrosoïdes*). ☉ Plante aromatique, du Mexique. Mult. de semis au printemps, en terre ordinaire, à chaude exposition, et repiquage en place. Arrosements modérés et sarclage. On en fait des infusions.

ANGÉLIQUE (*angelica archangelica*). ♂ Plante aromatique, qui se trouve dans les Alpes et en Laponie. Mult. facile de semis, en mars ou septembre; on recouvre très-peu les graines. On peut repiquer en place, si l'on n'a pas fait le semis en conséquence, dans une terre meuble et terreautée. Sarclage et couverture de terreau l'hiver, lorsque les tiges sont sèches. La deuxième année on coupe les tiges en biseau et près de terre : ces tiges se confisent, ainsi que les côtes des feuilles; on fait des liqueurs et des dragées avec les feuilles et les semences.

ANIS , BOUCAGE (*pimpinella anisum*). ♂ Plante aromatique, de l'Orient. Mult. par semis en planches ou bordures, en mars ou avril ; arrosements légers, pour aider la germination; quand le plant est fort , on éclaircit. Arrosements l'été. Terre légère et chaude , bien meuble. On coupe les tiges en août, on les fait sécher et on les bat pour en obtenir la graine , qui se conserve trois ans. La plante dont les tiges sont coupées donne encore une nouvelle récolte. La graine de cette plante sert à faire des dragées et des liqueurs.

ARROCHE DES JARDINS, BELLE-DAME , CHOU D'AMOUR (*atriplex hortensis*). ☉ On commence le semis de cette plante en mars, et on le continue tous les quinze jours, à cause de son active croissance. Souvent elle se ressème d'elle-même. Terre légère et un peu humide. Cette plante sert en cuisine à corriger l'acidité de l'oseille.

ARTICHAUT COMMUN (*cynara scolymus*). ♃ Il est inutile de donner la description de cette plante, qui est originaire de la Barbarie. Nous donnerons plus loin le détail de ses variétés. On les multiplie de graines et d'œilletons. Comme les variétés ne se reproduisent pas par le semis, nous donnerons seulement le second mode de reproduction. Vers le mois d'avril, on déterre un peu les pieds d'artichaut ; puis on détache tous les œilletons. On fait un choix de ceux qui ont déjà jeté quelques racines, et qui ont au collet un bourrelet qu'on nomme *noix*. On peut se procurer ces œilletons sur les marchés, pourvu qu'ils réunissent les conditions que nous venons d'énumérer. On les plante ensuite par un temps pluvieux, à peu de profondeur, et à trois pieds de distance dans les bons terrains. La terre doit être serrée fermement autour de la noix. Il faut arroser et ombrager les plants pendant quelques jours, et ne leur couper le bout des feuilles que quand ils auront souffert. Il faut les couvrir un peu de grande litière, pour les préserver des gelées tardives. biner, sarcler et arroser, et la fructification ne se fait pas attendre au-delà du printemps suivant.

On cultive les artichants en terre franche et profonde. Leur facilité à pourrir exige qu'on ait pour eux de grandes précautions pendant l'hiver. Dans les terres sèches, on butte les pieds et on couvre les feuilles de litière sèche. Mais les précautions sont plus importantes dans les terres humides. Il faut alors butter les pieds de la plante avec la terre provenant des rigoles qu'on creuse entre chaque rang, puis couvrir le tout, à l'exception des rigoles, d'une couche de fumier qui ne doit cependant pas toucher les plantes, mais laisser autour un espace semblable à un entonnoir, qu'on couvre avec de la litière sèche, quand les gelées dépassent 4 ou 5 degrés. On enlève cette litière dès que le temps se radoucit.

On découvre peu à peu les plantes à mesure que le printemps s'avance, et on a soin de les abriter quelque temps des rayons du soleil qui leur feraient le plus grand tort après l'hiver. On donne ensuite un bon labour quand la fin des gelées a permis de découvrir tout à fait.

Il faut replanter tous les trois ans, si l'on veut avoir de bonnes récoltes. Voici les noms des meilleures variétés d'artichauts:

. Le gros vert de Laon ; — le violet ; — le vert ;
— le gros camus de Bretagne ; — le rouge ; — le
blanc.

ASPERGE (*asparagus officinalis*). ♃ Cette plante
indigène se multiplie de semis en pépinière, ou sur
place, ou par la plantation des pattes ou griffes.

Voici comment s'exécute le semis en pépinière : la
terre bien labourée et ameublie, on jette les graines
à la volée et on les recouvre d'une petite couche de
terreau. Cette opération doit se faire en mars ou
avril dans les terres humides et fortes, et en octobre
et novembre dans les terres légères où les gelées
ne sont pas fortes. Au bout de cinq semaines, on
l'éclaircit s'il en est besoin. On donne quelques arrosements. En automne, on coupe les tiges, et l'on
recouvre d'une légère couche de terreau. On répète
cette opération l'année suivante, à moins que le plant
ne soit assez fort pour être mis en place.

Pour semer par l'autre méthode, on creuse des
fossés de quatre pieds de large sur deux pieds de
profondeur ; ces fossés sont distancés de trois pieds,
et l'on met dans cet intervalle la terre en provenant.
Dans les terres humides, on creuse à 8 ou 10 pouces de plus, et l'on fait un fond avec des plâtras. On
le recouvre ensuite d'un pied de terre bien fumée et
de quelques pouces de terreau mélangé de terre ordinaire. On sème ensuite, aux mêmes époques que ci-
dessus, trois ou quatre graines ensemble à 18 pouces de distance, sur des lignes tirées au cordeau et
espacées également à 18 pouces, et on recouvre d'un
pouce environ de bon terreau. On choisit ensuite,
lorsque le plant est levé, le plus beau, et l'on enlève

les autres en les coupant au-dessous du collet. Il faut biner, sarcler et arroser au besoin. Quand vient l'hiver, on recouvre le semis d'une bonne couche de terreau. L'année suivante, les soins sont les mêmes, et à l'hiver, on couvre de terre et de bon fumier, d'une épaisseur de 4 pouces, et l'on donne le labour printannier.

Ce n'est que vers la quatrième année que l'aspergière pourra entrer en rapport; mais sa durée sera de douze ou quinze ans, si on a soin d'y donner tous les deux ans le fumage dont nous venons de parler.

Quant à la reproduction par plantation de griffes ou pattes, elle se fait au printemps pour les environs de Paris, en automne dans les contrées plus chaudes ; on a soin de choisir autant que possible des griffes ou racines de deux ans fraîchement arrachées, longues, blanches et déliées, sans fractures ni altérations. On creuse des fosses de 4 pieds de large, espacées de 4 pieds, sur lesquelles on jettera la terre des fouilles. Les fosses doivent être profondes de 2 ou 3 pieds, suivant que le terrain est sec ou humide. On fera pour les terrains humides ce que nous avons indiqué plus haut, c'est-à-dire qu'on y jettera un fond de plâtras et pierraille. On continue la préparation des fosses comme pour le semis en place, et l'on plante ensuite les griffes en quinconce, à 18 pouces de distance, sur un petit monticule de terreau.

Chaque griffe ne dure que trois ans, mais elle est immédiatement remplacée par une autre qui pousse plus haut, ce qui oblige à remettre chaque année de la terre, afin qu'elle ne se trouve pas à la surface.

Les asperges se plaisent dans les terres profondes, substantielles, sablonneuses ou légères. On cite
comme les plus belles celles de Besançon, Mons, Sar-
relouis, Strasbourg, Gand, etc.

BASELLE (*basella*). ♂ Plante grimpante, dont
on cultive deux variétés, la rouge et la blanche. On
la nomme aussi *épinard du Malabar*. Elle se sème
au printemps sur couche chaude, en terre mélangée
de terreau. Au mois de mai, on repique en place, à
exposition chaude, le long d'un treillage. On sarcle
et on arrose fréquemment.

Cette plante est employée en cuisine comme les
épinards; chaque pied peut fournir par année environ trois plats.

BASILIC (*ocymum basilicum*).⊙ Plante aromatique, originaire de la Perse. Mult. de semis sur couche, en février et mars. On repique en terre mélangée de terreau, à exposition chaude, lorsque le plant
a six feuilles, et on le préserve, pendant la reprise,
de l'ardeur du soleil, en ayant soin d'arroser. La
graine mûrit en août et septembre; la première récolte est la meilleure pour semer.

Cette plante est employée, mais par peu de personnes, dans les assaisonnements.

BETTERAVE commune (*beta vulgaris*). ♂ Originaire de l'Europe méridionale, cette plante a acquis
une immense importance par le sucre qu'on en tire.
On la cultive de préférence en terre profonde, chaude,
bien fumée, mais elle réussit assez bien partout. On
donne deux labours d'au moins 1 pied de profondeur, et l'on sème en bordures ou en rayons, à la fin
de mars ou au commencement d'avril, dans les ter-

res chaudes, un mois plus tard dans les autres. La germination ne dure guère que douze à quinze jours; c'est pourquoi il faut semer assez tard pour que les plantes ne montent pas avant l'époque de la récolte. On éclaircit et on remplit les vides lorsque le plant a six feuilles : cette transplantation est très-délicate et ne doit se faire que par un temps humide. On espace les pieds à 15 ou 18 pouces, suivant la nature du terrain. On sarcle et on bine deux ou trois fois. La récolte se fait à la fin d'octobre au plus tôt; on tire les betteraves de terre, on en coupe les feuilles que l'on donne au bétail; on les débarrasse de la terre qui est après, et on les laisse sécher pendant 48 heures, après quoi on les met en resserre. Elles craignent beaucoup l'humidité et la gelée. Pour obtenir de la graine on replante au printemps suivant quelques-unes des plus vigoureuses arrachées à l'automne. On leur met des tuteurs, et lorsque la graine est mûre, on coupe les tiges et on les met sécher. Les graines peuvent servir deux ou trois ans.

Les principales variétés de la betterave sont :

La jaune; — la grosse rouge; — la petite rouge; — la rouge ronde; — la blanche (grosse et petite); — la champêtre (ou racine de disette).

CAPUCINE GRANDE (*tropæolum majus*). ⊙ Plante du Pérou, qui se sème en avril, en terre légère, franche et substantielle, à chaude exposition. Il faut ramer cette plante ou l'adosser à un treillage. Ses graines mûrissent dans l'année et peuvent servir deux ou trois ans.

On confit au vinaigre ses graines vertes et les

boutons de fleurs, et l'on pare les salades de ses belles fleurs orangées ou brunâtres.

On cultive de même, et l'on emploie aux mêmes usages la petite capucine (*t. minus*), plus petite seulement que la précédente.

CARDON, carde (*cynara cardunculus*). ♃ Originaire de Barbarie. Mult. de graines semées en pots sous châssis, sur couche chaude, en janvier, pour obtenir des primeurs, ou ordinairement en pleine terre, aux mois d'avril ou de mai. Le semis s'exécute en creusant, à trois pieds de distance, des trous de 18 pouces de profondeur; on remplit ensuite ces trous avec du fumier bien consommé, mélangé de bonne terre ; les graines y sont disposées à deux pouces les unes des autres (on met ordinairement 3 ou 4 graines dans le même trou), puis on recouvre de 2 pouces de la même terre mélangée de fumier, et enfin l'on place par-dessus une légère couche de terreau. Lorsque les graines ont levé, on ne laisse subsister que la plante la plus vigoureuse de chaque trou, et l'on arrache les autres. La culture du cardon est assez difficile, à cause de la délicatesse de la plante. En octobre, la plante a généralement acquis assez de force pour être blanchie; il faut alors la butter en rapprochant la terre des fouilles, la lier ensuite avec de l'osier ou de la paille, puis la couvrir d'une litière longue et épaisse, serrée délicatement autour des feuilles. Six semaines après, les côtes sont mangeables.

Pour obtenir de la graine, on empaille et butte comme on le fait pour l'artichaut. La plante fleurit au printemps, et la graine qu'on en obtient peut servir cinq ou six ans.

On mange cuites les côtes des feuilles du cardon et ses racines, et l'on se sert de ses fleurs pour cailler le lait.

Voici les noms des variétés : cardons d'Espagne, —cardons de Tours, —cardon plein sans épines, —cardon à feuilles d'artichaut.

CAROTTE (*daucus carotta*). ♂ Cette plante se multiplie par le semis, en terre ameublie, de février en juin, à la volée ou en rayons distancés de 10 pouces. On recouvre doucement au rateau, et l'on met par-dessus un demi-pouce de terreau, afin d'empêcher les arrosements fréquents qu'exige cette plante de battre la terre. Sarcler et détruire les insectes et les limaces, au fur et à mesure que la plante se développe. On lève quelques plants en motte avec beaucoup de soins, pour les repiquer aux places où la graine n'a pas germé. Cette opération se fait par un temps humide, et lorsque la plante est encore toute jeune. On éclaircit de manière à ce que les pieds soient à 4 ou 5 pouces de distance, et on les laisse ainsi, en arrosant fréquemment et sarclant avec soin, jusqu'à ce que les carottes aient atteint la grosseur du doigt. On commence alors à les arracher pour l'usage, et on le fait en prenant entre deux, de façon qu'à la longue elles se trouvent à une distance de 10 pouces les unes des autres.

Les carottes exigent, pour arriver à une bonne qualité, une terre franche, substantielle et profonde, ou un sable profond et gras. Le terrain doit en outre être parfaitement ameubli, sous peine de voir les carottes *fourcher*, et il doit être fumé avec un engrais bien consommé, ou une année à l'avance.

La récolte générale des carottes se fait avant les gelées. On les enlève à la fourche ; on les coupe au collet, et l'on donne les feuilles au bétail. On les lave, et on les met en serre après les avoir laissées se ressuyer. Les personnes qui n'ont pas de serre peuvent les conserver dans une tranchée au fond de laquelle on a étendu un bon lit de sable sec, et dont les parois sont couvertes de paille ; les carottes sont mises par lits dans cette tranchée, et chaque lit recouvert d'une couche de sable. On met de la paille par-dessus le tout, et l'on y joint la terre de la fouille, élevée en cône pour garantir des pluies.

On peut encore, et dans ce cas les carottes sont meilleures au goût, les couvrir, au lieu de les arracher, de fougère, de feuilles, de paille, de balles de blé ou d'orge ; elles passent alors assez bien l'hiver en pleine terre.

Pour obtenir de la graine, on peut tout simplement faire ce que nous venons de dire ; mais il est plus sûr de replanter au printemps des carottes conservées à la cave ou dans la serre. On les met à 18 pouces de distance ; au mois de mai elles montent, et en août on obtient de la graine qui dure deux ans, quand on a coupé et fait sécher les ombelles.

Tout le monde connaît l'usage de cette plante en cuisine. Nous nous bornerons donc à donner les noms des principales variétés.

Carottes blanches, — ordinaire, — à collet hors de terre, — de Breteuil. — *Carottes jaunes*, — longue, — courte. — *Carottes rouges*, — longue, — courte hâtive ou de Hollande, — pâle de Flandre. — *Carotte violette.*

CÉLERI (*apium graveolens*). ♂ Cette plante, qui croît sans culture dans les marais de la France méridionale, possède en cet état une saveur âcre et amère qu'on a corrigée par la culture. On la sème sur couche de janvier en mars, et sur terreau d'avril en juin.

Le premier genre de semis s'emploie pour obtenir des primeurs ; après avoir semé sur couche chaude, sous châssis ou cloche, on repique sur une nouvelle couche, et ce n'est guère qu'au commencement d'avril que l'on repique en place, en terre ordinaire.

Le second procédé de semis est le plus employé. On sème à la volée si l'on veut repiquer, et en rayon si l'on veut que le plant reste en place. Dans ce dernier cas, on éclaircit le plant lorsqu'il est un peu fort, et l'on garnit les places dépourvues. Dans l'autre cas, on repique en place sur une planche creusée à 6 pouces de profondeur, puis bêchée et fumée ; les céleris s'y plantent en rangs et en quinconces, distancés de 8 à 10 pouces. On les arrose sur-le-champ et l'on continue pendant quelque temps à entretenir l'humidité convenable à la reprise ; puis on bine et sarcle avec soin. Lorsque le plant fournit, on l'arrache, on le lie, puis on l'enterre dans du terreau ou de vieilles couches, dans un trou fait avec un gros plantoir. On prend soin de ne pas butter la terre et de laisser le bout des feuilles à l'air. On le couvre de litière, et lorsqu'il est blanchi, ce qui arrive assez vite, il se conserve difficilement plus d'un mois. Le céleri obtenu dans l'arrière-saison doit se butter avant les fortes gelées. On peut aussi le conserver en serre en l'enterrant dans du sable, comme nous avons dit pour les cardons.

Pour obtenir de la graine, il faut laisser en terre quelques pieds, les abriter des fortes gelées avec de la paille, puis les déchausser en mars. En septembre, on récolte de la graine, qui doit s'employer nouvelle, mais qui peut servir trois ou quatre ans à la rigueur.

On mange cuites ou crues les côtes et les racines du céleri ordinaire.

Le céleri-rave blanc ou rouge, selon la var., dont la culture est la même, mais qui n'a besoin d'être ni lié ni butté, s'arrache comme le navet, et s'enterre dans le sable, à quelques pouces au-dessus du collet. On ne fait usage que de sa racine, fort grosse et en forme de navet.

Les autres variétés de céleri sont : Céleri gros-violet de Tours, — plein blanc, — turc ou de Prusse, — plein rouge et rosé, — nain frisé — creux ou à couper.

CERFEUIL (*scandix cerefolium*). ⊙ Plante indigène et aromatique. Mult. par semis au pied d'un mur, à exposition chaude, de mars en mai ou à l'automne, à exposition ombragée pendant les chaleurs ; on fera bien de renouveler souvent les semis si on veut avoir du cerfeuil toujours tendre, attendu qu'il monte très-vite. Tout terrain. La graine nouvelle est la meilleure ; néanmoins elle peut servir deux ou trois ans. Le cerfeuil s'emploie pour fournitures de salade.

On cultive de même et on emploie aux mêmes usages sa variété *frisée*, fort jolie plante, ainsi que le CERFEUIL MUSQUÉ (*s. odorata*), dont quelquefois la saveur particulière ne plaît pas à tout le monde. On met sa racine dans le potage, auquel il donne un goût assez agréable. Il est originaire d'Espagne, et sa graine doit être semée aussitôt la maturité.

CHERVIS ou GIROLLE (*sium sisarum*). ♃ Plante tuberculeuse indigène. On la cultive en terre douce, franche, un peu humide; on sème en rayons de 8 à 9 pouces d'écartement, aux mois de mars ou de septembre; il faut arroser fréquemment, biner et sarcler. On commence la récolte en novembre, et elle peut se continuer tout l'hiver. On multiplie aussi cette plante par éclats des racines. On attendra, pour avoir de bonne graine, que le pied qui la porte ait deux ans, celle de la première année étant souvent stérile. Elle se conserve deux ou trois ans.

On mange les racines de cette plante, frites comme les salsifis. Elles sont charnues et ont un goût sucré.

CHICORÉE (*cichorium*). On cultive deux espèces de ce genre: la chicorée blanche et la chicorée sauvage, ainsi que plusieurs variétés de ces deux espèces.

CHICORÉE BLANCHE OU ENDIVE (*cichorium endiva*). ⊙ Originaire des Indes, cette plante se multiplie par semis sur couche, sous châssis ou cloche, de janvier en mars. On repique en place le plant qui a acquis une certaine force, à l'exception de celui semé en janvier, qui doit être repiqué sur une nouvelle couche lorsque le plant a quatre feuilles. Si l'on veut semer en pleine terre bien paillée et ameublie convenablement, on peut commencer vers la mi-mars et continuer ainsi toute la belle saison. On met ensuite les plants en quinconce, distancés de 10 à 12 pouces, puis on arrose et on sarcle. Pour faire blanchir la chicorée, on choisit un temps sec, pour la lier près de terre avec de la paille après l'avoir relevée ; on la lie plus haut une seconde fois, et quelques jours après ; puis encore au bout de quelques jours on y ajoute un nouveau lien : on doit éviter dès cet instant de mouiller les feuilles ; il faut par conséquent n'arroser qu'au goulot et avec précaution. On peut recouvrir d'un pot ou de paille la plante que l'on veut faire blanchir plus vite.

La graine est mûre au mois de septembre, et elle se garde pendant six ou sept ans. On doit toujours, pour semer, employer la plus ancienne, dont le produit monte moins facilement.

Ces plantes se mangent accommodées de différentes façons ou en salade.

Variétés et sous-variétés. Chicorée frisée, grande endive, grosse frisée ; — chicorée de Meaux , endive ; — chicorée fine d'Italie, chicorée d'été ; — chicorée toujours blanche ; — chicorée scarole ; — chicorée grande scarole, scarole de Hollande ; — chicorée scarole ronde ; — chicorée scarole blonde ; — chicorée courte, célestine.

Chicorée sauvace (*cichorium intybus*). ♃ On sème cette plante . soit sur couche, en janvier ; en terre légère, au commencement de mai ; et en terre plus forte, le reste de l'année ; en rayons, si on la destine à blanchir ; épais, si l'on veut couper simplement ses pousses. Arrosements légers et sarclages. Quand ses feuilles sont trop grandes, on les donne au bétail. Les graines s'obtiennent en septembre de la seconde année et peuvent durer dix ans.

Pour faire blanchir la chicorée sauvage et en faire ce que l'on nomme *barbe de capucin,* on emploie plusieurs moyens. Le plus simple est de lier les racines en bottes au fur et à mesure qu'on les arrache (opération qui se fait d'octobre en janvier), et de les laisser sur le terrain après les avoir couvertes de fumier sec. A mesure que les feuilles blanchissent, on les prend pour la consommation. On peut encore, après l'arrachement, placer les pieds sur des lits de terreau ou de sable, dans une cave, et leur donner un léger arrosement. Les feuilles s'étiolent et deviennent blanches et très-tendres. C'est une salade fort estimée.

. Il y a trois variétés de cette espèce. Chicorée commune, — chicorée panachée, — chicorée à café.

CHOU (*brassica oleraca*). Cette plante, connue dès la plus haute antiquité, peut se ranger en cinq classes disitnctes : les choux cabus, — les choux de Milan, — les choux verts, — les choux-raves, — et les choux-fleurs.

Choux cabus, ou *pommés.* Les petits choux hâtifs de cette classe ne se sèment que vers la fin d'août. On peut semer les autres, dès le mois de février, sur couche, avec repiquage, lorsqu'ils ont acquis un certain développement ; on peut aussi les semer en mars, sur plate-bande bien terreautée, à exposition abritée et chaude; du 15 mars au 1er avril, en terre ordinaire bien fumée; de la mi-août à la mi-septembre, avec repiquage en place au bout de trois semaines. Les grosses espèces peuvent passer l'hiver en pépinière; au printemps seulement on les repique en place.

Nous dirons plus loin la culture générale qui s'applique à toutes les variétés.

Voici la division des choux cabus ou pommés, avec leurs sous-variétés.

—Choux d'York. *Cabage, superfin hâtif. — Nain hâtif. — Gros d'York.* — Chou hâtif en pain de sucre. —Chou cœur de bœuf. — *Petit. — Moyen. — Gros.* — Chou pommé ou gros cabus blanc.— —*Trapu de Brunswick. — Gros chou pommé de Hollande. — Gros chou d'Écosse. — Gros chou d'Allemagne à côtes violettes.—Gros chou tardif d'Allemagne. — Gros chou d'Alsace, chou quintal. — Cabus d'Alsace.— Chou de Saint-Denis, chou blanc de Bonneuil.—Pommé rouge. — Rouge d'Allemagne. — Noirâtre d'Utrecht.*

C'est avec les choux de cette classe que l'on fait la choucroûte : ils sont souvent sujets à une odeur de musc. Les deux dernières variétés (rouge d'Allemagne et noirâtre d'Utrecht) sont d'usage en médecine : le pommé rouge se mange en salade.

Choux de Milan ou *pommés frisés.* On les sème de mars en mai, ou bien d'août en septembre, de la même manière que les précédents. On peut obtenir des choux jusqu'en mars, attendu que les premiers semés commencent seulement à pommer en juin, et les

erniers en octobre et novembre. A moins de grandes gelées, on peut hardiment laisser en pleine terre
ceux dont la tête n'est pas encore formée. Quant à
ceux qui sont pommés, on fera bien de les descen-
dre à la cave, ou tout au moins de les couvrir de litière dans les grands froids. On peut également, pour
les préserver, les enterrer en place, en les inclinant
dans le trou qu'on creuse à leur pied, au nord.

Ces choux sont plus agréables à manger que les
précédents ; ils sont plus tendres, et moins exposés
à contracter l'odeur du musc. Parmi eux se trouve
le chou de Bruxelles, dont les petites pommes, nais-
sant à l'aisselle des feuilles, sont très-estimées en
cuisine.

Voici la nomenclature des variétés de cette classe :
Milan hâtif.—Milan très-hâtif d'Ulm.—Milan ordinaire ou gros chou Milan.—Milan court, nain ou
trapu. — Milan à tête longue. — Milan doré ou de
Savoie. — Milan d'automne, gros chou frisé ou de
Saint-Denis. —Milan des Vertus ; gros chou pommé
frisé d'Allemagne.—Pancalier de Touraine.—Pancalier blond.—Chou rosette, chou de Bruxelles à jets.

Choux verts ou *non pommés.* Leur culture
est facile. On les sème en pépinière, en mars et avril,
et on les repique en place, en mai. On peut également
ment les semer en juillet et août, et ne les repiquer
alors que de septembre en novembre. Le chou de
Naples et le chou palmier sont un peu sensibles au
froid : il est important, pour qu'ils y puissent résister, de les semer en juillet et août. On sème de
mai en juin les choux à larges côtes, et on les repique en juillet et août.

8.

On emploie les feuilles du chou vert plus particulièrement lorsque la gelée les a attendries. Elles sont
alors fort bonnes. Voici les noms des variétés les
plus cultivées :

Chou cavalier, atteignant souvent six pieds de
haut.—Caulet de Flandre.—Moellier.—Branchu du
Poitou ou mille-têtes.—Vivace de Daubenton.—Vert
à larges côtes.—De Naples.—Palmier.—Panaché.
—Frisé rouge.—Frisé vert du Nord.

Choux-raves. On comprend sous cette dénomina-
tion :

Le *rutabaga* ou *chou-navet de Suède*, qui se
sème du 15 mai au 15 juillet, soit en place, soit
avec repiquage. Il est très-prompt à se faire.—Le
chou-navet ordinaire, le *chou-navet hâtif*, et le
chou-navet à collet rouge, qui se sèment en place
et peuvent résister aux grands froids. — Enfin, le
chou de Siam, et ses sous-variétés : *nain hâtif,
violet* et *blanc.* La première se sème en juillet, et
les deux autres en mai et juin. A moins d'un hiver
rigoureux, ils peuvent rester en pleine terre, au
moyen d'une couverture de litière.

On emploie en cuisine le collet de ces espèces,
de la même façon que le navet.

Culture. (On trouvera plus loin la culture du
chou-fleur, pour laquelle nous avons réservé un article spécial.) Les choux aiment une terre franche,
fraîche et fumée convenablement. Les semis se font
en terre légère, à toutes les époques. Dans les chaleurs, il faut semer à l'ombre. On leur doit donner
ensuite de légers arrosements. Cela devient plus nécessaire encore après le repiquage, qui doit toujours

se faire par un temps pluvieux. Il faut éviter, en plantant des choux, de butter la terre avec le plantoir, et aussi de froisser la racine, ni trop sortir le collet de terre. Pour chasser les insectes qui attaquent souvent les jeunes plants, il faut les saupoudrer de cendres. On doit bien veiller aussi à la destruction des chenilles, limaces et punaises rouges.

La graine s'obtient par un choix de pieds robustes auxquels ou laisse passer l'hiver en pleine terre, en abritant toutefois les espèces délicates. Au printemps, si les tiges ont quelque difficulté à sortir de la pomme, on fend légèrement celles-ci en quatre, afin de faciliter la pousse. Si l'on veut obtenir une variété pure, il faut avoir soin d'éloigner les porte-graines des autres variétés, car autrement il y aurait mélange de poussière fécondante, et dégénérescence de la graine. On coupe les tiges lorsque la graine est mûre, on les fait sécher, on les bat, puis on nettoie, on fait sécher et on serre les graines qu'on en a extraites, lesquelles peuvent servir sept ou huit ans.

CHOUX-FLEURS (*brassica botrylis*). Cette espèce se divise en deux variétés: le *chou-fleur* proprement dit, et le *brocoli*. Les différences consistent dans la couleur et les dimensions.

Le *chou-fleur* est plus petit que le brocoli; il est plus hâtif et d'une couleur blanc'jaunâtre. On le sème en septembre, avec repiquage le long d'un mur, à bonne exposition, sous cloches recouvertes de litières ou paillassons. Il faut donner de l'air au jeune plant aussi souvent qu'on le peut. On le met en place à la mi-mars, en terre douce, substantielle, bien fumée

et ameublie; on en récolte depuis la fin de mai jusqu'aux premiers jours de juillet.

Il est un procédé de culture plus simple et plus
facile, qui consiste à semer du 10 au 30 juin, sur
plate bande bien terreautée, avec repiquage en juillet. D'abondants arrosements sont nécessaires, et la
récolte peut se faire alors d'août jusqu'en novembre.
Si l'on veut conserver des choux-fleurs pour l'hiver,
on pend dans la serre aux légumes des têtes dont on
a ôté toutes les feuilles avec soin. On peut planter en
cave dans du sable ceux qui n'ont point donné de
têtes; ils pomment jusqu'en mars, mais les têtes sont
très-petites.

Les *brocolis* se sèment en mai et juin, à l'exception du *nain hâtif,* qui ne se sème qu'en juillet. On
les cultive comme nous venons de dire des choux-
fleurs; seulement l'hiver, on les enterre et on les
butte, en ne laissant à l'air que leur tête, qu'on a
encore soin d'abriter quand le froid arrive à une
certaine intensité.

Les choux-fleurs sont très employés en cuisine.
On les mange à la sauce ou à l'huile.

Voici les noms de leurs sous-variétés.

Choux-fleurs — tendre ou hâtif, — demi-dur,
— dur.

Brocolis — blanc, — jaune, — rouge, — vert,
— violet, — violet nain hâtif.

CHOU MARIN, CRAMBÉ MARITIME (*crambe mariti-
ma*). — Cette plante indigène se multiplie par œilletons
ou tronçons de racines plantés au printemps, ou par
semis, en mars ou en août, de la façon suivante : On

trace des lignes distancées de deux pieds, sur une planche ameublie; on y fait de petits trous éloignés également de deux pieds; dans chacun de ces trous, après y avoir jeté une poignée de terreau, on dépose trois ou quatre graines. Lorsque les jeunes plants paraissent, on laisse le plus vigoureux, et l'on arrache les autres. On préserve des tiquets en jetant de la cendre sur les feuilles couvertes de rosée. Le plant doit rester deux ans à se fortifier; on enlève en octobre les feuilles qui sont sèches, et l'on met deux pouces de terreau sur le semis. On fait de même la seconde année, et c'est à la troisième que le plant est en plein rapport. On fait blanchir en couvrant la plante, au commencement du printemps, de feuilles ou de litière, recouvertes d'un paillasson. On coupe alors pour la consommation les œilletons étiolés qui ont poussé à la longueur de 5 ou 6 pouces; cette opération ne peut se faire que de mars jusqu'en mai, sous peine d'épuiser la plante. Bien fumée et ainsi ménagée, une plante de crambé dure huit ou dix ans.

On mange la crambé comme les choux-fleurs ou les asperges; son usage est peu commun en France, mais elle est très-goûtée en Angleterre.

CIBOULE ORDINAIRE, OGNONETTE (*allium fissile*).

Il y en a deux variétés, l'une annuelle et l'autre vivace. La première se sème en février et mars, avec repiquage en place en avril et mai, ou bien à la fin de juillet, pour replanter en septembre. Le semis se fait en terre légère, substantielle et terreautée, à la volée, assez dru; un coup de rateau suffit pour recouvrir; en terre forte, on y ajoute un lit de terreau, et l'on arrose légèrement, si besoin est. On repique en rayons ou bordures, dans des trous de 4 pouces et distancés de 6, et l'on met deux ou trois pieds dans le même trou. Les ciboules produisent ainsi jusqu'aux gelées, ou même tout l'hiver quand il n'est pas rude : un sarclage de temps à autre est tout ce que cette plante exige.

Pour obtenir de la graine, on replante de vieux pieds, et l'on donne un tuteur à leurs tiges. Lorsque l'ombelle est tellement sèche qu'elle est prête à tomber, on la coupe, et on la fait sécher davantage. La graine dure trois ans quand elle reste dans les capsules, autrement elle n'est bonne qu'une année.

La ciboule vivace se multiplie par éclats des touffes au printemps ou en automne ; on les plante à distance de 7 à 8 pouces. Arrosements modérés dans les chaleurs.

En arrachant des plants aux approches de l'hiver, et en les plaçant dans une fosse de 1 pied à 1 pied et demi, puis les recouvrant d'une litière suffisante, on peut conserver de la ciboule pendant les hivers rigoureux.

La ciboule, qui paraît être un ognon dégénéré, s'emploie en cuisine à peu près aux mêmes usages.

CIBOULETTE ou CIVETTE (*allium schœnoprasum*). ♃ Cette plante, de la Sibérie, se multiplie par la séparation des caïeux en mars. On la plante souvent en bordures, à distance de 6 à 8 pouces, en terre douce, substantielle, à chaude exposition, avec des arrosements modérés. Pour lui faire passer l'hiver, on la coupe rez-terre, puis on la recouvre de terreau. On l'emploie pour les fournitures de salade et les assaisonnements.

CONCOMBRE (*cucumis sativus*). ⊙ Originaire d'Afrique. On cultive cette plante comme le melon, en semant les graines dans des capots, en pleine terre bien terreautée, à chaude exposition, de la mi-avril à la mi-mai; on donne ensuite de fréquents arrosements. On taille les concombres en les pinçant sur cinq ou six yeux, lorsque les tiges sont parvenues à une certaine grandeur. Si l'on veut obtenir des primeurs, il faut établir, de décembre en mars, des couches chaudes sous châssis, et semer deux ou trois graines dans de petits pots remplis de terreau, que l'on met ensuite dans la couche. Le plant se repique avec la motte, lorsqu'il a quelques feuilles, dans une nouvelle couche. On le taille ensuite sur trois ou quatre nœuds, en enlevant du pied les feuilles séchées. Le *blanc hâtif* doit être préféré pour cette dernière culture. Les espèces destinées à faire des *cornichons* se traitent comme nous l'avons dit plus haut.

On obtient de la graine en laissant pourrir un fruit sur pied, et en en ramassant les semences, qu'on lave et fait sécher à l'ombre. Elle peut servir dix ou douze ans.

On mange les concombres cuits de différentes manières, et on les fait confire au vinaigre lorsqu'ils sont verts; on les nomme alors *cornichons*. Les variétés cultivées sont : Concombre blanc hâtif, — hâtif de Hollande, — blanc long, — blanc de Bonneuil, — jaune long, — vert long, — petit vert, — noir, — à bouquet, mignon de Russie, — arada, — serpent ou luffa.

CORIANDRE cultivée (*coriandrum sativum*). ⊙ Cette plante aromatique, d'un grand usage en Égypte, se sème en mars, en terre légère et chaude; sa culture est facile, et ses graines se récoltent en août et septembre. Elles sont bonnes à semer pendant deux ans. La coriandre est employée dans la confection de la bière blanche. Ses graines servent à faire des ratafitas et des dragées. On les emploie également comme épices.

COURGE, potiron, citrouille (*cucurbita pepo*). ⊙ Cette plante, originaire des Indes, est remarquable par l'énormité de ses fruits et l'espace qu'elle occupe dans les jardins. On fait un trou à bonne exposition au commencement d'avril, on couvre le fond de fumier, et l'on y dépose deux ou trois graines que l'on recouvre de 5 ou 6 pouces de terreau. On arrose souvent, et lorsque les pieds sont levés, on les éclaircit et on ne laisse en place que les plus vigoureux. Lorsque le fruit est noué et que les branches s'allongent, on les pince à l'extrémité, afin d'arrêter leur développement. La plante a beaucoup plus de vigueur lorsqu'on enterre les branches à l'endroit où elles portent un nœud sans fruit, car elles prennent alors racine sur ce point.

Pour la primeur, on sème en pots sur couche chaude, et sous cloche, en mars; puis, lorsque la terre est bien réchauffée au printemps, on repique en place avec la motte, après avoir petit à petit accoutumé la plante à recevoir l'impression de l'air.

La courge est employée en cuisine; mais sa plus grande utilité est de servir de nourriture au bétail. Quelques variétés sont cultivées comme plantes d'agrément; d'autres servent à faire des vases ou gourdes.

Variétés et sous-variétés comestibles. Courge, ou potiron jaune, — vert, — blanc, — noir, — verruqueux, — d'Espagne. Courge melopepon, — giraumon turban, — giraumon noir, — giraumon long de Barbarie, — à la moelle, — melonnée ou musquée, — bonnet d'électeur, — artichaut de Jérusalem.

Variétés d'agrément, connues sous le nom de coloquintes. Melopepon tuberculeux, — orange, — pyriforme.

Variétés dont l'écorce sert à faire des gourdes. Courge à fleurs blanches, — cougourde ou bouteille, — gourde, — poire à poudre, — calebasse.

Ces deux dernières catégories se cultivent comme les précédentes, à l'exception qu'on est dans l'usage de les ramer pour faire grimper les tiges.

CRESSON de fontaine (*sisymbrium nasturtium*).

Cette plante indigène se sème au printemps, sur les bords des ruisseaux dont l'eau est pure et limpide, ou dans un baquet dans lequel on a mis 5 à 6 pouces de terre, et qu'on a ensuite rempli d'eau; cette eau doit être renouvelée souvent. La multiplication par plantation des racines vaut mieux, surtout dans ce dernier cas. On peut récolter ainsi du cresson jusqu'aux gelées, pourvu qu'on le coupe assez souvent pour l'empêcher de monter. Il est employé en médecine comme antiscorbutique, et en cuisine comme salade.

Cresson alénois, passerage (*lepidium sativum*). ⊙ Originaire de la Perse, se sème au printemps, et tous les quinze jours, attendu sa facilité à monter, sur le terreau des vieilles couches, ou, si on le sème dans l'été, à exposition ombragée, en rayons un peu drus; arrosements modérés. Les variétés cultivées sont, — le c. *ordinaire,* le c. *doré* ou *à larges feuilles,* — et le c. *à feuilles frisées.* Les jeunes pousses se mangent en salade et en fourniture.

Cresson des prés (*cardamine pratensis*) ♃ Se sème au printemps, en rayons, en terre humide et franche, ou marécageuse. On l'emploie aux mêmes usages que le cresson de fontaine, ainsi que le suivant.

Cresson de terre (*erysimum barbarea*). ♃ Indigène. Culture et usages du précédent.

Cresson de para, abécédaire (*spilanthus oleracea*). — Cette plante rampante, des Indes, se sème sur couche et sous châssis en février ou mars; on repique ensuite en terre légère, à exposition chaude, lorsque le plant est assez fort. Arrosements légers et fréquents. Sensible au froid, cette plante s'emploie en assaisonnement et fourniture de salade.

Elle peut se semer également en pleine terre au commencement de mai; les graines devront être légèrement recouvertes de terreau. On cultive de même, et l'on emploie aux mêmes usages le Cresson du Brésil (*spilanthus brasiliana*). ⊙

DENT-DE-LION, pissenlit (*leontodon taraxa-*

eum). ♃ Cette plante, qu'on mange souvent en salade telle qu'on la récolte, perd par la culture une partie de sa saveur amère. On peut la semer en bordure au printemps, un peu dru, en terre fraîche et franche; puis on arrose et on sarcle. Au printemps suivant, on la couvre de quatre doigts de terreau ou de bonne terre, ou même d'un pot à fleurs renversé ou de litière sèche, pour la faire blanchir. Lorsque l'extrémité des feuilles perce la couverture, on peut la couper sur le collet pour l'usage. Il faut récolter les graines à mesure qu'elles mûrissent, sans quoi le vent les enlèverait.

ÉCHALOTE (*allium ascalonicum*). ♃ Cet ail se multiplie de caïeux choisis parmi les plus minces et les plus longs, que l'on plante en terre légère, substantielle et chaude, ou à défaut légèrement sablonneuse, en février et mars, en planches ou en bordures, distancés de 3 à 4 pieds, et peu recouverts. Tous les soins à donner consistent à éviter la pourriture; pour cela, il faut déchausser les pieds dans les temps humides, et à l'approche de la maturité, qui commence en mai. La récolte se fait en les arrachant, et les faisant sécher deux ou trois jours au soleil. L'échalote est de beaucoup préférée à l'ail comme assaisonnement.

ÉPINARD (*spinacia oleracea*). ☉ Cette plante, qui vient de l'Asie, se sème tous les mois de mars en octobre, en terre légère, un peu fraîche, bien ameublie et bien fumée, à la volée, ou en rayons de 6 pouces d'écartement; elle n'occupe la terre que six semaines ou deux mois; elle exige de copieux arrosements, et de l'ombre pendant l'été. La graine s'obtient sur les premiers semis, desquels on a arraché préalablement les pieds mâles après la fécondation ; on donne des tuteurs aux pieds femelles. La graine est bonne deux ou trois ans. L'usage de cette plante est trop connu pour que nous nous y arrêtions.

ESTRAGON (*artemisia dracunculus*). ♃ Cette plante, légèrement aromatique, se multiplie de boutures faites au printemps ou en été, ou mieux d'éclats de pieds, que l'on plante au printemps en terre meuble, légère et franche. On coupe ses feuilles et ses tiges tous les quinze jours, en ayant soin de prendre beaucoup de précautions pour ne pas arracher la plante. Couverture l'hiver. L'estragon se confit au vinaigre, et s'emploie en assaisonnement et pour fournitures de salade.

FENOUIL (*anethum fœniculum*). ♃ Plante aromatique et indigène, que l'on sème en mars, en terre légère, à bonne et chaude exposition. Les seuls soins à lui donner sont quelques arrosements et sarclages dans les premiers temps ; elle se ressème d'elle-même. On s'en sert comme assaisonnement ; ses graines s'emploient en dragées et en liqueurs.

Fenouil doux, anis de Paris (*a. fœniculum dulce*). Cette variété, plus petite que la précédente, se cultive et se blanchit comme le céleri. Ses racines et ses tiges servent aux mêmes usages que celles de cette plante : on les estime beaucoup en Italie et en Espagne.

FEVE DE MARAIS (*vicia faba*). ⊙ Cette plante, dont on cultive plusieurs variétés, se sème en février, mars ou avril, à la volée dans les champs, en planches, en touffes ou en rayons dans les potagers, en terre substantielle et bien fumée. On peut également semer en mai, juin et même juillet, mais au frais et à l'ombre, ou en décembre et janvier, à exposition chaude et abritée, avec couverture l'hiver, et buttage des pieds. Par ce moyen, on obtient des fèves toute l'année. On sarcle, on bine, et, lorsque les fèves sont en fleur, on pince le bout des tiges pour faire grossir le fruit. Comme on cueille souvent les fèves avant qu'elles soient mûres, il faut alors couper les pieds à 3 ou 4 pouces de terre, ce qui fait repousser de nouvelles tiges, et facilite une seconde récolte. Les fèves de marais se mangent plutôt vertes que sèches; on prétend qu'elles sont moins indigestes que les autres légumineuses.

Voici les noms des variétés cultivées : Fève de marais, grosse fève ordinaire; — *fève picarde*; — fève de Windsor, grosse fève ronde; — fève longue à cosses; — fève verte; — fève naine hâtive; — fève petite; — fève d'Héligoland; — féverole d'hiver.

FRAISIER (*fragaria*). ♃ Cette plante indigène si connue a fourni un nombre infini de variétés, qui se cultivent toutes de même. On multiplie les fraisiers par semis, par éclats, ou des tiges rampantes et enracinées connues sous le nom de *filets*. On obtient d'abord la graine en écrasant les fraises qu'on a laissé sécher quelque temps après leur maturité, on les lave dans plusieurs eaux, et les graines restent au fond du vase qui a servi à cette opération. Le meilleur procédé consiste à semer en terrine de terre de bruyère mêlée à un tiers d'excellent terreau. On n'enfonce pas les graines; on se contente d'appuyer légèrement dessus. Pour arroser, il suffit de tremper dans un baquet d'eau la partie inférieure de la terrine. On doit maintenir quelque temps le semis à l'ombre.

Lorsque le plant est assez fort, on repique en place, en terre bien meuble et mélangée de terreau ; on distance les pieds de 6 à 15 pouces, suivant la grandeur des feuilles de la variété dont il s'agit. On donne des arrosements fréquents et des binages ; il ne faut pas oublier non plus de couper les filets qui se forment. Lorsque viennent les froids , on couvre la planche d'un doigt de fumier provenant d'une vielle couche, puis au printemps on l'enterre par un binage, et on met à la place de la paille hachée qui empêchera les limaces de manger les plantes, et la terre de se battre.

Tous les deux ou trois ans, à l'automne, on déplante les fraisiers avec précaution ; on bêche et fume la planche , puis on replante, on arrose, et l'on abrite du soleil jusqu'à parfaite reprise. Cette plantation peut également se faire au printemps. En l'exécutant on a soin de séparer les œilletons enracinés, et de faire des éclats des souches.

On obtient des fraises de primeur en plantant des espèces hâtives, telles que le fraisier de Virginie et celui des Alpes, en pleine terre, à bonne exposition, et les mettant sous châssis en février. On peut également mettre dans un pot, au mois d'août, trois ou quatre plants du dernier semis, et les faire reprendre à l'ombre avec de légers arrosements, puis placer sous châssis, sur couche tempérée. Ils peuvent ainsi, s'ils sont bien soignés, produire de janvier en avril.

Nous allons donner les noms des principales variétés ; quant aux sous-variétés, elles sont tellement nombreuses que nous croyons devoir nous dispenser de les indiquer : fraisier commun ou des bois, 4 sous-variétés ; — des jardins, ou de Montreuil, 1 s.-var. ; — des Alpes, 3 s.-var. ; — vert d'Angleterre ; — caperon, chaperon, 5 s.-var. ; — écarlate ou de Virginie, 1 s.-var. ; — de la Caroline, 4 s.-var. ; — du Chili, 1 s.-var. ; — ananas, etc. etc.

GESSE CULTIVÉE, LENTILLE D'ESPAGNE (*lathyrus sativus*). ⊙ Cette plante indigène se sème en mars et avril, et se cultive absolument comme les pois. Ses graines se mangent vertes, ou sèches en purée, mais son usage en cuisine est peu répandu.

GOMBO, KETMIE COMESTIBLE (*hibiscus esculentus*). ⊙ Cette plante des Indes, encore peu répandue, se sème en pot ou sur couche chaude et sous châssis, en février ; on la met un mois après sur une nouvelle couche, puis on la dépote en mai, et on la plante avec la motte à bonne et chaude exposition ; on lui donne de fréquents arrosements. On emploie en cuisine ses jeunes pousses et ses fruits cueillis avant la maturité.

HARICOT COMMUN (*phaseolus vulgaris*). ⊙ Originaire de l'Inde, le haricot a fourni un grand nombre de variétés, savoir :

1° *Haricots à rames :* de Soissons, sabre, prédome ou prudhommet, Sophie, de Lima, riz, hâtif, de Liancourt, rond, géant, tous à grains blancs ; puis les haricots de Prague, à grains rouges ; bicolore, panaché de rouge et de violet ; ventre de biche, d'un fauve jaune ; grivelé, d'un gris de lin jaspé de noir ;

cardinal, blanc avec une couronne pourpre autour du germe.

2° Les *nains* : hâtif de Hollande, hâtif d'Argenson, hâtif de Laon ou flageolet, nain de Soissons, blanc sans parchemin, sabre nain, blanc d'Amérique, deux à la touffe, suisse, tous à grains blancs. Les haricots de la même section, mais à grains colorés, sont les : suisse gris, d'un rouge noirâtre, marqueté de blanc ; suisse rouge, jaspé de diverses couleurs ; suisse gris de Bagnolet, grisâtre, taché de noir et de brun ; noir ou nègre ; rouge d'Orléans ; jaune du Canada ; brun-jaune ; de la Chine, d'un jaune de soufre pâle ; jaune sans parchemin ; jaune avec parchemin ; rouge sans parchemin.

Les haricots d'Espagne (*phaseolus coccineus*), à fleurs écarlates ou blanches, se cultivent également pour la cuisine, et de la même manière que les autres haricots grimpants.

Toutes ces plantes aiment une terre fertile, douce, légère, chaude sans être sèche, parfaitement ameublie. Les variétés hâtives peuvent déjà se semer, sous le climat de Paris, du 15 au 20 avril ; mais pour plus de sûreté on attend ordinairement le 15 mai, parce que si la terre n'est pas suffisamment échauffée, ils pourrissent et ne lèvent pas. Outre cela, les jeunes plantes sont extrêmement sensibles au froid, et la moindre gelée blanche les détruit sans retour. Passé le 15 mai, ou au plus tard le 30, on ne peut plus semer pour récolter en haricots secs, mais on peut continuer jusqu'au commencement de juillet pour les cueillir en vert. Les haricots se sèment en touffes ou en rayons creusés à 3 pouces de profondeur, et on les recouvre d'un pouce de terre dans les sols secs, dun demi-pouce seulement dans ceux qui sont humides. Ils lèvent environ quinze jours après. Quand ils sont un peu forts, on leur donne un premier binage, puis un second à l'âge d'un mois, et alors on les butte; c'est aussi le moment de ramer les variétés grimpantes. Les graines pour semis se recueillent sur les variétés les plus franches et les premières semées; on les cueille par un temps sec, et on les conserve dans leurs cosses.

HYSSOPE officinal (*hyssopus officinalis*). ♄ Cette plante, du midi de la France, se plante en bordure, en terre substantielle, franche, légère, et au soleil. On la multiplie de graines semées en mars, de boutures faites en été, et mieux, d'éclats des pieds en automne. Elle est aromatique, répand une odeur suave, et n'est guère employée que par les parfumeurs.

LAITUE (*lactuca sativa*). ⊙ Originaire d'Asie, et cultivée pour être mangée en salade, ou cuite. Elle a fourni un grand nombre de variétés, savoir :

1° *Laitue pommée de printemps*. La gotte ou gau; gotte à graines noires; lente à monter; jaune-rouge; cordon rouge; dauphine; chicorée; épinard. Elles se sèment en février et mars, sur couche ou sur le terreau d'une plate-bande, à exposition très-sèche. Repiquer en avril, dans une terre douce et bien fumée, à 7 à 8 pouces de distance entre chaque pied.

2° *Laitues pommées d'été*. De Versailles; cocasse; blonde à graines noires; blonde de Berlin; royale à graines noires; blonde paresseuse; blonde trapue; Batavia blonde; de Malte; turque; impériale; de Gênes; meterelle; grosse crêpe; crêpe ronde; Perpignan ; d'Italie, etc. etc. Elles se sèment de la même manière que les précédentes, en commençant les premiers jours d'avril et faisant des semis successifs tous les quinze jours, afin d'avoir des laitues qui se succèdent pendant toute la saison. On cesse de semer en juillet. Beaucoup d'arrosements.

3° *Laitues pommées d'hiver.* Coquille à graines blanches; id. à graines noires; passion; passion mouchetée; morine; petite crêpe; petite noire. On commence les semis aussitôt après ceux d'été, et on les continue jusque vers le milieu de septembre. On repique le jeune plant à la fin d'octobre, en platebande, à exposition très-chaude au pied d'un mur, et on les abrite du froid et de la neige au moyen de paillassons et de grande litière.

4° *Laitues romaines, ou chicons.* Verte hâtive; verte maraîchère; grosse romaine grise; romaine blonde-maraichière; rouge d'hiver; panachée; laitue de Silésie ou sanguine, panachée d'Angleterre; alphange; alphange blonde; verte d'hiver. Elles se sèment et cultivent comme les laitues pommées, à cette différence près que pour les blanchir il faut les lier avec un ou deux liens de paille.

Toutes les laitues aiment une terre légère, franche, très-meuble et bien fumée avec des engrais consommés. En les repiquant il faut ménager les racines qui sont très-délicates, et ne pas presser la terre autour du collet; on a aussi le soin de ne pas enterrer le cœur, ce qui les ferait infailliblement périr. On donne de fréquents arrosements, et l'on arcle souvent. Les porte-graines sont choisis parmi les individus les plus francs et les plus vigoureux ; lorsque les feuilles de la plante jaunissent et que les semences montrent leur aigrette, on arrache les pieds, on les fait sécher à l'air, puis on bat les graines, on les nettoie, et on les conserve en lieu sec.

LAVANDE (*lavendula spica*). ♄ Plante aromatique, du midi de la France, cultivée en bordures, en terre légère et chaude. On la multiplie rarement de graines semées en avril, mais le plus ordinairement par éclats des pieds en septembre ou au printemps. Tous les trois ans on renouvelle la plantation.

LENTILLE (*ervum lens*). ☉ Du midi de la France. Elle est plus cultivée en plein champ que dans les jardins, et, en horticulture, on donne la préférence à sa variété nommée *lentille à la reine ou lentille rouge*. Terre légère, sèche et sablonneuse ; semis à la fin de mars ou au commencement d'avril en touffes ou en rayons, espacés de 18 pouces. Dans le midi on sème en automne. On recouvre au rateau, et l'on donne un bon sarclage lorsque les plantes ont acquis la moitié de leur développement. Les graines se recueillent quand les plantes commencent à jaunir ; alors on coupe les pieds, on les fait sécher, et on bat au fléau pour en détacher les semences.

MACHE ou DOUCETTE (*valerianella locusta olitoria*). ☉ Petite plante de nos champs, que l'on mange en salade. Elle a fourni deux variétés, la *mâche ronde*, et la *mâche d'Italie* ou *grande mâche.* On les cultive en terre douce, légère, parfaitement ameublie, et bien fumée de l'année précédente. On les sème tous les huit jours, depuis le milieu d'août juqu'à la fin d'octobre, et ces nombreux semis fournissent depuis le commencement de l'hiver jusqu'au printemps. Les semis se font à la volée, avec la précaution de très-peu recouvrir les graines. Comme les graines se détachent toutes seules aussitôt qu'elles mûrissent, il faudra arracher les pieds avec beaucoup de précaution aussitôt que es feuilles commenceront à jaunir. Il est fort singulier que les graines nouvelles lèvent plus difficilement et plus lentement que les vieilles.

MÉLISSE OFFICINALE, ou CITRONELLE (*melissa officinalis*). ♃ Plante aromatique, indigène. On fait quelquefois entrer ses jeunes pousses dans les fournitures de salade, mais plus ordinairement elle n'est employée qu'en médecine. Terre chaude et légère; mult. de graines semées au printemps, ou d'éclats du pied en automne. On coupe tous les ans ses tiges rez-terre.

MELON (*cucumis melo*). ⊙ D'Asie. Tout le monde connaît le melon et sa délicieuse saveur; il serait donc inutile d'en parler ici. On en possède un grand nombre de variétés, que les auteurs classent ainsi :

1° *Melons brodés.* Maraîcher ou commun, de qualité médiocre; — sucrin de Tours, assez bon; sucrin à chair blanche, petit, bon; — des carmes, très-petit, bon; — de Honfleur, très-gros et assez bon; — de Coulommiers, très-gros et bon; — de Minorque, moyen et bon.

2° *Melons cantaloups.* Orange, petit et bon, très-hâtif; — fin hâtif, très-petit et bon; — brûlot hâtif, petit et bon; — noir des Carmes, petit et très-bon; — petit prescott ou hâtif, petit, excellent; — gros prescott, moyen, très-bon; — boule de Siam, moyen, médiocre; — mogol, moyen, médiocre; — gros noir de Hollande, très-gros et bon; — noir galeux, moyen et bon; — doré, gros et assez bon; — argenté, moyen et bon; — d'Anjou, moyen et bon.

3° *Melons verts,* ou *à écorce lisse.* De Malte, à chair rouge, bon, très-hâtif; — de Malte à chair blanche, bon, un peu moins hâtif; — muscade des États-Unis, assez bon; — de Malte d'hiver ou de Candie, bon, se conservant l'hiver sur de la paille en lieu sec; — de Chypre, petit, excellent, le meilleur de tous; — de Perse ou d'Odessa, assez bon, se conservant l'hiver.

Au-dessous du 43ᵉ degré de latitude, le melon se cultive en pleine terre sans aucun soin; on creuse en mars et avril, en terrain sec et chaud, des petites fosses de 18 pouces de largeur sur 1 pied de profondeur, on les remplit d'un mélange de bonne terre et de fumier consommé, on sème dans chacune cinq à six graines à 1 pouce de profondeur, et lorsqu'elles sont levées, on ne laisse que deux plantes dans chaque fosse, et on les soigne comme nous le dirons plus loin. A Honfleur, on creuse des fosses de la même manière, mais on leur donne 2 pieds de profondeur sur 2 1/2 de largeur, on les remplit de fumier chaud que l'on recouvre de 9 pouces de bonne terre légère, on couvre cette espèce de couche de paillassons, et on la laisse s'échauffer pendant quinze jours , puis on sème dessus et sous cloche.

Dans tout le reste de la France le melon doit se semer et cultiver comme à Paris : voici comment : Au mois de mars, on prépare de bonnes couches recouvertes de 9 pouces de terreau mélangé à moitié de la meilleure terre du jardin; on sème, on arrose, et l'on couvre avec des cloches ou des châssis portatifs. Quand le plan est levé, on l'accoutume peu à peu à l'air , avec la précaution de le recouvrir toutes les nuits tant que celles-ci sont fraîches. Aussitôt que le plant a quatre ou cinq feuilles , on coupe le sommet de la tige pour la forcer à pousser des branches latérales nommées *principales*. On maintient l'équilibre de la sève dans celles-ci, en donnant aux branches gourmandes une position tortueuse ; elles ne tardent pas à donner des branches *secondaires* et des fleurs. Il y a des fleurs femelles et des fleurs mâles; quelques jardiniers peu instruits enlèvent ces dernières à mesure qu'elles paraissent et empêchent ainsi la fécondation de s'opérer complétement; il ne faut pas les imiter. Dans les branches secondaires il ne faut conserver que celles qui sont robustes et bien placées. Quand les premiers fruits sont noués , on taille les branches principales, en ne laissant qu'un fruit sur celles qui sont faibles, et deux au plus sur celles qui sont fortes. On conserve toujours les fruits les plus beaux et les plus près de la souche, et l'on coupe l'extrémité de la branche à deux nœuds au-dessus du dernier fruit. Cinq ou six jours après on répète cette opération sur les branches secondaires, et on supprime celles qui n'ont pas de fruits. Cette suppression continue à se faire à mesure qu'il se développe de nouvelles branches inutiles. Tous les autres soins consistent à arroser, et à donner de légers binages ou même à arracher les mauvaises herbes à la main. Quand les fruits approchent de la maturité, on les place sur une tuile pour les soustraire à l'humidité, et l'on ne donne plus que les arrosements strictement indispensables. La graine se recueille sur les individus les mieux faits et les meilleurs; elle se conserve bonne pendant plusieurs années.

MELON D'EAU, ou PASTÈQUE (*cucurbita citrullus*). ⊙ D'Orient. Fruit gros, à écorce lisse, à chair sucrée et fondante, mais un peu fade et d'un goût qui ne plaît pas à tout le monde. On en cultive deux variétés principales : celui d'Italie ou de Provence, à chair rouge; celui d'Amérique, à chair blanchâtre. On les cultive absolument comme les melons, à cette seule différence qu'on cesse de les tailler quand ils ont suffisamment de branches, et qu'on ne supprime aucun fruit.

MELONGÈNE, ou AUBERGINE (*solanum esculentum*). ⊙ De l'Amérique méridionale. Les fruits se mangent farcis et cuits sur le gril ou entre deux plats. On en cultive plusieurs variétés, savoir : melongène rouge à fruits longs, — rouge à fruits ronds, — rouge à fruit ovale, — jaune à fruit ovale, — jaune à fruits longs.

Les mélongènes aiment la chaleur et l'eau. En février ou au commencement de mars, on sème sur couche chaude, sous cloche ou sous châssis; on repique en pots enfoncés dans une couche tiède, ou à nu sur le terreau d'une couche sourde. Si on a repiqué en pot, on dépote en mai et l'on replante avec la motte au pied d'un mur à l'exposition du midi. On donne des arrosements abondants, et on bine pour détruire les mauvaises herbes.

MENTHE CULTIVÉE (*mentha sativa*). ♃ Indigène. Les jeunes pousses sont employées en fournitures de salade sous le nom de *baume*. Elle réussit très-bien dans tous les terrains pas trop secs et un peu ombragés; on la multiplie de drageons au printemps ou d'éclats en automne. Même culture pour la menthe poivrée (*mentha piperita*), qui sert à aromatiser des liqueurs.

MOUTARDE NOIRE (*sinapis nigra*). ⊙ Indigène. Ses jeunes pousses se mangent en salade, et l'on prépare la moutarde de nos tables avec ses graines réduites en farine. Elle aime les terres sablonneuses ou légères, ameublies et fumées; on la sème en mars, à la volée et très-clair. On récolte les pieds à mesure qu'ils jaunissent, on les serre dans un endroit sec, puis on les bat à la baguette pour en extraire les graines.

NAVET (*brassica napus*). ⊙ Indigène. Tout le monde connaît les navets et l'usage qu'on en fait en cuisine. Ils ont fourni un grand nombre de variétés, que l'on a classées en trois races, savoir :

1° Les *navets secs*, à chair fine mais ferme : le gros et le petit freneuse, le meaux, le petit berlin, le saulieu, le baubry et le cherouble. Tous ne réussissent que dans les terrains maigres, sablonneux, secs et meubles.

2° Les *navets tendres*, connus généralement

ns nos provinces sous le nom de *raves*. Des Vertus,
les Sablons, rose du Palatinat, gros long d'Alsace,
de Clairfontaine, gris plat, blanc plat hâtif, rouge
plat hâtif. Ils réussissent bien dans toutes les terres
pourvu qu'elles soient fertiles.

3° *Navets demi-tendres*. Jaune de Hollande,
jaune d'Écosse, noir d'Alsace, gris de Morigny,
jaune de Lyon. Ils aiment assez une terre légère et
douce.

Du reste, tous les navets préfèrent les terres sablonneuses. On les sème depuis le 15 juin jusqu'au 15 août, et même jusqu'en septembre, pour
les espèces hâtives. On choisit, autant qu'on le peut,
un temps couvert et pluvieux; on sème clair, à la
volée, et on éclaircit le plant lorsqu'il est déjà un
peu fort, en donnant le premier sarclage. Lorsque
les navets ont atteint leur grosseur, on les arrache
à la main, on enlève la fane et on conserve les racines en lieu sec et à l'abri de la gelée. On replante
les individus les plus francs, au mois de mars, pour
recueillir de la graine.

OGNON (*allium cepa*). ♂ Tout le monde connaît
l'usage que l'on fait de cette plante, originaire d'A-
frique. Ses principales variétés sont : l'ognon rouge
foncé; le rouge pâle; d'Espagne; le blanc gros; le
blanc hâtif; le jaune; le blanc d'Italie; l'ognon bul-
bifère ou d'Égypte; l'ognon patate, etc.

Les ognons aiment une terre substantielle, franche, plutôt forte que légère, amendée d'une année
à l'avance, parce que les engrais frais les font périr. On ameublit par deux ou trois bons labours, et
on sème à la volée de janvier en février dans le

Midi , du 15 janvier au 15 mars dans les environs de Paris, et du 1er mars au 1er avril dans le Nord. On herse avec la fourche pour enterrer les graines; on passe le rateau, et l'on arrose pour faciliter la levée des semences, si le temps est sec. A mesure que les jeunes plantes prennent de la force, on éclaircit les endroits trop drus, et l'on repique dans les places où il en manque, de manière à ce qu'il y ait au moins 3 pouces de distance entre les pieds. Lorsque les ognons ont atteint leur grosseur, on abat et tord un peu les fanes au-dessus de terre, pour forcer la sève à se concentrer sur les bulbes. Quand les feuilles jaunissent on arrache les ognons, on les laisse se ressuyer sur la terre pendant huit ou dix jours, on les réunit ensuite en bottes par leurs fanes, et on les conserve en lieu sec, pour la consommation. Au printemps , on plante les plus beaux pour recueillir de la graine.

ORIGAN MARJOLAINE (*origanum majoranoïdes*). ♄ D'Orient. Plante aromatique, employée comme assaisonnement, ainsi que l'origan à coquille ou marjolaine gentille (*origanum ægyptiacum*). Ces plantes réussissent en tout terrain, où on les plante en bordures que l'on renouvelle tous les deux ou trois ans. On les multiplie rarement de graines, plus ordinairement de boutures faites à l'ombre en été, et d'éclats des pieds.

ORPIN BLANC OU TRIQUE-MADAME (*sedum album*). ⊙ Indigène. Plante charnue , employée en fourniture de salade. Terre sablonneuse; exposition chaude; semis au printemps ; arrosements fréquents.

OSEILLE (*rumex acetosa*). ♃ Indigène. L'usage

de cette plante en cuisine est généralement connu. On en cultive trois espèces, savoir : 1° l'oseille des prés, que nous venons de citer, et qui a fourni les variétés nommées *oseille de Belleville*, et *oseille à feuilles cloquées*; 2° l'oseille-vierge (*rumex arifolius*); 3° oseille ronde (*rumex scutatus*).

On les cultive de la même manière, en tout terrain, mais elles réussissent mieux dans les terres légères, profondes, plutôt fraîches que sèches. Semis au printemps, en rayons, bordures ou planches, en terre très-meuble, ou par éclats des pieds. On renouvelle les plants tous les dix à douze ans.

PANAIS cultivé (*pastinaca sativa*).♂ Indigène. Sa racine s'emploie pour donner du goût au potage et quelquefois on la mange en friture. On en cultive trois variétés : le long, le rond ou royal, le bâtard ou de Siam. Ils aiment une terre substantielle, profonde, et parfaitement défoncée. On les cultive de la même manière que les carottes, mais comme ils ne craignent pas les gelées, on les laisse en terre pendant l'hiver, et on ne les en tire que pour la consommation. Les graines mûrissent à la fin d'août et ne sont bonnes que pendant un an.

PERCE-PIERRE ou criste-marine (*crithmum maritimum*).♃ Indigène. On fait confire ses feuilles au vinaigre pour s'en servir en assaisonnement. Semis sur couche, en mars, ou aussitôt la maturité des graines, en pleine terre légère. Exposition chaude; arrosements soutenus de manière à ce que la terre soit toujours humide. On repique au pied d'un mur au midi celle qu'on a semée sur couche, ou mieux, dans de la pierraille ou les trous d'un vieux mur. Couverture de litière sèche pendant l'hiver. Ses feuilles se recueillent vers la fin de l'été, et ses graines ne lèvent plus si on ne les sème pas au printemps suivant.

PERSIL (*apium petroselinum*).♂ De Sardaigne. Employé en cuisine comme assaisonnement et fourniture. On en possède plusieurs variétés : le commun ; le frisé ou crépu ; le nain très-frisé ; le panaché ; celui à larges feuilles ; à grosses racines, de Naples ou persil-céleri, dont on mange les côtes après les avoir fait blanchir.

Semis de mars en août, en tout terrain bien ameubli, à la volée, en planches, en rayons ou en bordures. Arrosements jusqu'à ce que les graines soient levées, ce qui n'a lieu quelquefois qu'après trente ou quarante jours. Les graines sont bonnes pendant deux ans.

PICRIDIE COMMUNE (*picridium vulgare*). ⊙ Indigène. Ses feuilles jaunes et vertes se mangent en salade ; semis en avril, en terre légère et chaude ; arrosements fréquents.

PIMENT POIVRE LONG (*capsicum annuum*). ⊙ Des Indes. Ses fruits se confisent au vinaigre comme les cornichons ; lorsqu'ils sont mûrs on les fait sécher, on les réduit en poudre, et on s'en sert pour remplacer le poivre. On en possède plusieurs variétés : l'ordinaire, le rond, le gros doux d'Espagne, le piment-tomate à fruits jaunes et doux. Semis sur couche en février ou mars ; repiquer en mai, à exposition chaude, en bonne terre substantielle. Arrosements soutenus pendant les chaleurs. Les graines sont bonnes pendant plusieurs années.

PIMPRENELLE (*poterium sanguisorba*). ♃ Indigène. Employée comme fourniture dans les salades. Tout terrain, mieux terre légère et sèche. Semis au printemps et en automne, en rayons, en bordures, ou en planches à la volée; quelques sarclages et arrosements au besoin. On peut encore la multiplier par éclats des vieux pieds. Elle repousse à mesure qu'on la coupe.

POIRÉE ou BETTE (*beta vulgaris*). ♂ Du midi de l'Europe. On en connaît deux variétés : la poirée ordinaire, dont on mélange les feuilles avec l'oseille pour l'adoucir; la poirée à carde, dont les côtes fort larges et très-épaisses se mangent à la manière de celles des cardons.

Elles réussissent dans tous les terrains, pourvu qu'ils soient bien amendés et ameublis. Semis en rayons ou à la volée, de mars en août; sarclages et arrosements soutenus. La poirée à carde se sème en mars et avril pour récolter ses côtes en automne et en hiver, ou de la fin de juin au commencement d'août, pour les récolter au printemps. Beaucoup d'arrosements; couverture de litière pendant les grands froids. Recueillir les graines quand elles passent du vert au cendré ou au roussâtre.

POIS (*pisum sativum*). ⊙ Indigène. On en cultive un grand nombre de variétés ainsi classées :

A. *Pois à parchemin, dont la cosse ne peut se manger.* — 1° Les nains, qu'on ne rame pas. Nain hâtif; nain de Hollande; de Bretagne; à gros grains sucrés; petit nain vert; nain vert de Prusse; petit pois de Blois. — 2° Les grimpants, qui ont besoin d'être ramés. Pois michaux ou petits pois de

Paris ; michaux de Ruelle ; id. de Hollande ou pois de Francfort ; id. à œil noir ; hâtif à la moelle ou pois d'Angleterre ; dominé ; de Marly ; de Clamart ; carré à œil noir ; géant ; sans pareil ; suisse ; grosse cosse hâtif ; baron.

B. *Pois sans parchemin, dont on mange la cosse.* — 3° Les nains : hâtif ; ordinaire ; en éventail. — 4° Ceux que l'on rame : blanc à grandes cosses ; à demi-rames ; à fleurs rouges ; turc ou couronné ; turc à fleurs pourpres.

Les pois viennent bien dans tous les terrains, pourvu qu'on ne les sème pas deux ans de suite à la même place. Cependant ils sont de meilleure qualité dans les terres sablonneuses un peu sèches, non fumées. Semis en touffes ou en rayons, recouvert de 2 pouces de terre. Arroser ; sarcler ; rechausser les pieds quand les plants ont 5 à 6 pouces de hauteur. Les variétés hâtives se sèment de novembre en décembre, sur cotière, au pied d'un mur au midi ; abriter pendant les froids, au moyen de paillassons et de grandes litières. Leur donner de l'air et de la lumière toutes les fois que la température le permet ; les découvrir entièrement en février. Lorsqu'ils fleurissent, les pincer au-dessus de la 3e fleur, si on veut en hâter la récolte. On continue les semis des mêmes variétés, en janvier, février et mars. On sème ensuite, en planches, les pois de seconde saison ; puis, au moyen du pois de Clamart, on prolonge les semis jusqu'en juillet et même en août.

POIS chiche (*cicer arietinum*), ☉ D'Orient. Très-employé dans le Midi pour faire des purées, des potiges, etc. On en possède trois variétés, savoir : à grains jaunes, à grains blancs, et à grains rouges. Semis de mai en juillet, à la volée ou en rayons, en terre très-meuble et bien fumée. Du reste, culture du pois ordinaire.

POMME DE TERRE (*solanum tuberosum*). ♃ Du Pérou. Cette plante précieuse ne se cultive plus dans les jardins depuis que la grande culture s'en est emparée. On plante un petit tubercule, ou seulement un morceau de tubercule muni d'un ou deux yeux, de la fin de mars au commencement d'avril ; on recouvre légèrement de terre, et quand les plants sont un peu forts, on les butte en rapprochant de la terre autour de leurs pieds. On sarcle, on bine et on arrache la récolte aussitôt que les feuilles jaunissent.

PORREAU (*allium porrum*). ♂ Indigène. On ne l'emploie guère que pour donner du goût au bouillon, aux purées, etc. Nous en possédons deux variétés : le long et le court. On les cultive en terre légère, substantielle, bien ameublie, fumée au moins deux ans à l'avance. En février et mars, on le sème à la volée, assez épais ; on marche ; on passe le rateau, et, s'il est nécessaire, on arrose pour favoriser la germination. A la fin de juin, par un temps pluvieux, on repique en planche à 6 pouces de distance. On sarcle, on arrose, et si l'eau n'a pas manqué, on peut commencer à récolter dès le mois de juillet. Pendant l'hiver, le porreau court se laisse en place ; mais on arrache le long et on l'enterre dans du sable sec placé dans une cave ou une serre à légumes. Les porte-graines se replantent en mars ; ils

montent en mai, et l'on recueille les graines lorsqu'elles menacent de tomber.

POURPIER (*portulaca oleracea*).⊙ Du midi de
la France. On s'en sert cuit et accommodé, ou cru
pour fourniture de salade. A la fin d'avril ou au
commencement de mai, semis en terre très-meuble
et légère, le long d'un mur au midi; à peine recouvrir la graine au rateau; arrosements abondants,
surtout pendant l'été. On recueille les graines sur
les plantes les premières semées et les plus vigoureuses.

RAIFORT, CRANSON (*cochlearia armorica*). ♃ Indigène. Ses racines râpées et trempées dans le vinaigre servent à remplacer la moutarde. Tout terrain, mais mieux un peu humide. Mult. par éclats
des pieds, en automne, ou de semis, au printemps.

RAIPONCE (*campanula rapunculus*). ♃ Indigène. Ses racines charnues, tendres et d'une saveur
agréable, se mangent en salade. Terre légère, fraîche et un peu ombragée, bien ameublie; semis en
juin; recouvrir légèrement les graines au rateau;
beaucoup d'arrosements avant qu'elles soient levées,
et pendant l'été; quelques sarclages; récolter les racines depuis février jusqu'en mai, époque à laquelle
elle monte en graines; celles-ci se récoltent en juillet. Même culture et mêmes usages pour les campa-
nules gantelée (*c. trachelium*) et miroir de Vénus
(*prismatocarpus speculum*).

RADIS, PETITE RAVE, RAVE (*raphanus sativus*). ⊙
De la Chine. On en cultive plusieurs variétés, les
unes rondes, les autres longues. On les sème et ré-

colte pendant tous les mois de l'année, mais celles du printemps sont infiniment meilleures que les autres. En octobre et pendant tout l'hiver, on sème sur couche chaude, après avoir bien marché le terreau, et l'on couvre avec des cloches ou des châssis. En mars, on commence les semis en pleine terre légère, bien ameublie, et recouverte d'un pouce de terreau. En été, on sème à l'ombre, à l'exposition du nord, et l'on donne de nombreux arrosements. Du reste, il n'est pas de culture plus facile.

ROQUETTE (*brassica eruca*). ⊙ Indigène. Les jeunes pousses de cette petite plante s'emploient en fourniture de salade. Tout terrain; semis depuis le printemps jusqu'en automne; ceux de l'été en terre humide et à l'ombre. Sarcler, éclaircir le plant, et surtout arroser abondamment pour diminuer son âcreté. La graine se recueille en juillet et août sur les pieds semés au printemps.

SALSIFIS (*tragopogon porrifolius*). ♂ Ses racines fort longues, blanches en dedans et en dehors, s'emploient en cuisine de différentes manières. Terre substantielle, profonde, bien défoncée et ameublie, mais non fumée; depuis mars jusqu'au commencement de juin, semis à la volée; arrosements abondants pendant la germination; quelques binages. On commence à récolter des racines en novembre, et l'on continue jusqu'au moment où ils montent en graine, au printemps. On recueille les semences en juillet, et elles ne germent bien que la première année.

SARRIETTE, savourée (*satureia hortensis*). ⊙ D'Italie. On l'emploie en cuisine pour l'assaisonnement des fèves de marais, des pois et de la choucroûte. Elle réussit en tout terrain et sans aucun soin particulier ; semis au printemps. On emploie aux mêmes usages la sarriette de montagne (*satureia montana*), qui est vivace et se multiplie par éclats.

SAUGE officinale (*salvia officinalis*). ♂ Indigène. En France elle n'est guère employée que pour parfumer des jambons et le porc frais. Terre ordinaire, mieux légère, chaude et un peu sèche. Mult. d'éclats, en automne et au printemps. La replanter en bordure tous les trois ou quatre ans. Même culture pour la petite sauge (*s. tenuior*) et leurs variétés : à petites feuilles, tricolore, panachée, à feuilles frisées, et à feuilles étroites.

SCORSONERE, salsifis noir (*scorzonera hispanica*). ♂ D'Espagne. Comme le salsifis commun, mais racine noire à l'extérieur ; du reste on l'emploie aux mêmes usages. Terre substantielle, mais très-douce et très-meuble : semis de printemps, en février, mars et avril ; ceux d'été, en juillet et août. Même culture que pour les salsifis. On ne commence à récolter les racines que dans l'année suivante, et elles sont bonnes après avoir donné leurs graines, moyennant le soin de couper les tiges rez-terre au-dessus du collet, qui ne tarde pas à émettre de nouvelles feuilles.

SPILANTHE, cresson de Para (*spilanthus oleracea*). ♂ Des Indes ; et cresson du Brésil (*spilanthus brasiliana*). ♂ De l'Amérique méridionale. On emploie comme assaisonnement les jeunes tiges de ces petites plantes rampantes. Semis sur couche, au printemps ; repiquer en terre légère et chaude, à l'exposition du midi. Beaucoup d'arrosements.

TÉTRAGONE étalée (*cornutia expansa*). Plante

rampante des îles de la mer du Sud. On a proposé de la cultiver pour remplacer les épinards pendant l'été, saison où ceux-ci montent trop promptement en graines pour fournir des feuilles. Semis sur couche et sous châssis, en février ou mars ; repiquer en bonne terre légère et fraîche, à exposition chaude, contre un mur au midi ; les plants espacés à 18 pouces. On cueille les feuilles pour la consommation sans toucher aux tiges, qui en reproduisent de nouvelles.

THYM (*thymus vulgaris*). ♃ D'Espagne. On en cultive, pour aromatiser différents mets, plusieurs variétés, savoir : thym commun, à feuilles étroites, à larges feuilles, panaché. Terre légère ; exposition chaude ; plantation en bordures renouvelées tous les trois ou quatre ans. Mult. par éclats des touffes, en automne ou au printemps. Du reste, il n'exige aucun soin.

TOMATE (*solanum lycopersicum*). ⊙ De l'Amérique méridionale. Son fruit rouge est devenu depuis peu d'années d'un usage général en cuisine. Semis sur couche en février ; repiquer en avril en pleine terre, chaude et légère, au midi ; arrosements abondants pendant les chaleurs ; pincer les tiges au sommet quand elles atteignent 15 pouces, afin de les arrêter ; pincer de même les branches secondaires quinze jours après ; enlever les nouveaux bourgeons quand les fruits sont à moitié grosseur ; supprimer mais modérément les feuilles qui cachent les fruits, afin de les faire jouir du soleil ; plus tard on effeuille complétement pour faire mûrir les derniers fruits. La graine se recueille sur le plus beau fruit, qu'on laisse pourrir et se dessécher à l'air.

TOPINAMBOUR (*helianthus tuberosus*). ♃ Du Brésil. Ses racines fournissent de gros tubercules qui étaient plus employés en cuisine autrefois qu'aujourd'hui. Tout terrain, mais mieux terre franche, légère et substantielle. Mult. de tubercules plantés en mars, et qui n'exigent aucun soin. On arrache les tubercules en hiver, à mesure qu'on en a besoin pour la consommation. Cette plante ne produit plus de graines quand elle a été cultivée en France pendant quelque temps. Comme elle s'étend vite et beaucoup, il est quelquefois fort difficile de la détruire où elle a été cultivée.

TOUTE-ÉPICE ou NIGELLE DE CRÈTE (*nigella sativa*).☉D'Orient. On emploie en cuisine, pour remplacer les épices, ses graines très-aromatiques. Terre légère, chaude ; exposition au midi ; semis en place, en avril; éclaircir le plant de manière à laisser 8 pouces d'intervalle entre chaque pied. Arrosements nombreux jusqu'à l'époque de la floraison.

VESCE BLANCHE (*vicia sativa*). ☉ Indigène. On emploie sa graine en purée, et l'on en fait de la farine pour mélanger avec le pain. Elle craint moins le froid que la lentille, et se cultive de même. Terre substantielle et légère, semis en rayons ou à la volée, à la fin de février ou au commencement de mars, ou, dans le Midi, à la fin d'août. Biner, sarcler, butter les jeunes tiges, surtout pour les semis d'automne. Des arrosements s'il est néceesaire ; récolter quand les cosses commencent à jaunir.

FIN DE LA DEUXIÈME PARTIE.

TROISIÈME PARTIE.

VERGER.

ABRICOTIER (*prunus armeniaca*). Arbre de moyenne grandeur, à racines pivotantes, fleurissant avant la pousse des feuilles, en février et mars. Il se multiplie par le semis, ou par la greffe sur l'amandier et le prunier. Pour le semis, employé seulement pour les variétés qui se reproduisent franches de noyau, on choisit les noyaux des plus beaux fruits, et on les fait stratifier jusqu'au printemps ; à cette époque, ou même à l'automne suivant, on les dépose en terre bien meuble, à 2 pouces de profondeur environ. Si l'on sème en pépinière, on distance les pieds de 18 pouces à 2 pieds. On pince ordinairement le pivot pour empêcher l'arbre de trop faire de bois.

On le greffe en écusson, à œil dormant, sur pruniers provenant de noyaux (Saint-Julien ou damas noir), lorsqu'on le cultive en terre forte, humide et froide, et sur amandier dans les terrains profonds, légers, chauds et sablonneux. Cette opération se fait ordinairement en août et septembre.

L'abricotier étant très-précoce dans sa floraison, il importe de prendre toutes les précautions possibles contre les gelées tardives ; telles que de le couvrir de toiles ou de paillassons, lorsqu'on craint du froid. Il importe aussi beaucoup, si l'on veut avoir de beaux fruits, de retrancher, lorsqu'ils sont noués, ceux qui sont trop serrés et qui chargent l'arbre, en observant de laisser de préférence ceux qui sont accompagnés d'un petit bouquet de feuilles. Nous renvoyons, pour la taille de cet arbre et des suivants, aux *principes généraux* qui sont en tête de cet ouvrage. Nous allons donner la nomenclature des variétés d'abricotier, avec l'époque de la maturité de leurs fruits.

Abricot précoce ou abricotin. Fin de juin.—Abricot blanc, abricot-pêche. Commencement de juillet. — Gros abricot blanc. *Id.* — Abricot commun. Mi-juillet.—Abricot angoumois. *Id.* — Abricot musch-musch. Fin de juillet.

Abricot de Provence. Dernière quinzaine de juillet. — Abricot gros musch. Fin de juillet. — Abricot de Hollande, amande-aveline. *Id.*—Abricot de Hollande, à feuilles panachées de jaune. *Id.*—Abricot vineux. Commencement d'août.—Abricot de Portugal. Mi-août. — Alberge. *Id.* — De Mongamet. *Id.* —Aveline. *Id.*—Pêche, abricot de Nancy. *Id.* — Royal. En août.—De Paris. *Id.*

Le fruit de l'abricotier se mange cru, confit, en compote, etc. Ceux produits par les espaliers sont moins estimés que ceux des plein-vent.

AMANDIER (*amygdalus communis*). Cet arbre, de moyenne grandeur, est originaire d'Asie, et fleurit précocement comme le précédent. On le multiplie de semences, et par la greffe en écusson sur l'espèce commune et sur l'amandier pêche, rarement sur le prunier. On choisit pour semer de grosses amandes tombées naturellement de l'arbre, on les fait de suite stratifier, et on les dépose en terre au printemps, dans une terre bien défoncée et à 2 ou 3 pouces de profondeur, à 2 pouces de distance, et au nombre de deux ou trois par trou, afin de choisir le pied le plus vigoureux. Si l'on sème en pépinière, on espace de 18 à 20 pouces, qu'on porte de 18 pouces à 2 pieds, si l'on veut former des pêchers ou des amandiers en espalier, et de 2 pieds à 2 pieds 1|2 pour les hautes tiges. On donne des binages et les soins convenables, puis l'on transplante, pour les mettre en place, dans une terre légère, profonde et chaude; les sols calcaires conviennent parfaitement. L'amandier est sensible au froid, et il exige les plus grandes précautions. Ses fruits, recouverts d'un brou charnu ou sec, à coque plus ou moins dure, contiennent une amande douce ou amère, dont le monde connaît les usages.

Il faut avoir soin, pour employer les amandes, d'enlever leur pellicule. Les amandes amères sont un poison très-violent pour plusieurs espèces d'animaux, les oiseaux principalement.

Voici la nomenclature des variétés :

Amandes douces à coque dure. — Amandier commun à gros fruits. — *Id*. à petit fruit. — Franc. — Commun à grandes fleurs blanches.

Amandier à larges feuilles. — A feuilles de saule. — De Tours. — Satiné. — Nain de Perse.

Amandes douces à coque tendre. Amandier-pistache. — Princesse ou des dames. — Sultane.

Amandes amères. Amandier-pêcher. — Pêcher nain. — A gros fruits. — A fruits moyens. — A petits fruits. — A coque tendre.

CERISIER (*prunus cerasus*), MERISIER (*prunus avium*). Le cerisier a été, dit-on, apporté d'Afrique en Europe par Lucullus. Le merisier croît naturellement dans les forêts d'Europe. Ces deux espèces ont produit : la première, le cerisier proprement dit et le cerisier griottier du Nord ; la seconde, le merisier et le bigarreautier. On les multiplie de semences, de rejetons, ou par la greffe en écusson et à œil dormant, ou même en fente, si le sujet a une certaine force. C'est ordinairement sur le *mahaleb* ou *bois de Ste-Lucie* (*prunus mahaleb*) que se greffent les différentes variétés de cerisier. La multiplication par le semis s'exécute en faisant stratifier des noyaux de merisier sauvage, de griottier et de mahaleb (ce dernier pour fournir des sujets à greffer), et en les déposant ensuite au printemps en terre meuble et bien fumée, en rayons distancés de 2 pieds à 2 pieds 1|2, à 5 ou 6 pouces les uns des autres, et à 1 pouce 1|2 de profondeur. On les recouvre d'un léger mélange de terreau. On sarcle et arrose au besoin ; on éclaircit et on replante, au printemps suivant, en ayant toujours soin de continuer les arrosements. Pour multiplier par les rejetons, il suffit de les détacher en automne du pied des vieux arbres ; on peut les greffer en fente au printemps suivant, s'ils ont beaucoup de chevelu, ou au moins en écusson à la seconde sève.

Les merisiers et bigarreautiers aiment une terre profonde et sèche ; les cerisiers et griottiers un terrain frais sans être humide. Les sols calcaires et granitiques leur conviennent parfaitement.

Voici les noms des variétés les plus estimées :

1° *Cerisiers.* — Cerisier de Hollande ou d'Angleterre.— De Prusse.— A courte queue de Montmorency.— De Montmorency à gros fruits.— Gros gobet.— De Villènes à fruit ambré.— *Id.* à fruit rouge pâle. — Royal tardif. — *Id.* à fruit noir.— De Varenne. — De la Palembre. — De la Madeleine. — A gros fruits blancs.— Tardif à gros fruits.— *Cherry-Duck.*

2° *Cerisiers du Nord ou griottiers.*— Griottier d'Allemagne.— De Portugal. — Ordinaire du Nord.

3° *Merisiers.*— Merisier ou cerisier sauvage.— — Guignier à gros fruit noir.— A gros fruit blanc. — A fruit rose hâtif.— A gros fruit noir luisant.— A gros fruit noir et court pédoncule.— A rameaux pendants.

4° *Bigarreautiers.*— Bigarreautier à gros fruit rouge. — A gros fruit blanc. — Belle de Rocmont, cœur de pigeon.— A fruit couleur de chair. — Gros cœuret.

On connaît les usages de ces fruits. Le bois du merisier, de celui à fruits noirs surtout, est très-estimé par les tourneurs et les ébénistes.

On fait le *kirschen-waser* ou *eau-de-vie* de cerises avec les fruits du merisier sauvage.

CHATAIGNIER commun (*fagus castanea*). Arbre indigène de première grandeur, à racines pivotantes, qui se multiplie par le semis, et les variétés par la greffe. On choisit de préférence pour semer les graines tombées naturellement de l'arbre, l'on prend les plus belles. On les met stratifier dans du sable, ou dans une terre sèche, à 18 pouces de profondeur, puis on les dépose, en février ou mars, dans une terre bien meuble et non fumée, à 3 pouces de profondeur, à 18 pouces de distance, dans des sillons espacés de 2 pieds, en alignant les rangs du nord au midi, afin que les jeunes plants se portent mutuellement de l'ombrage. On bine la première année et on laboure légèrement les suivantes. On ne met en place, en terre franche, ou granitique, ou sablonneuse, toujours un peu sèche, que lorsque les sujets ont atteint la grosseur du poignet.

Pour planter en place, on a l'habitude, dans le pays qui fournit les plus belles espèces, de creuser, un an ou deux à l'avance, des trous de 5 pieds de large et profonds de 4, et on fait autour des rigoles pour y amener les eaux de pluie qui y déposent un excellent limon. On plante en automne ou au printemps, on butte un peu l'arbre, et l'on maintient l'humidité de la terre en la couvrant de paille ou de chaume. On greffe l'année suivante, en écusson à œil poussant, ou en flûte. Les châtaignes se récoltent ordinairement un peu avant leur maturité, en frappant les branches avec des gaules ; on doit mettre beaucoup de soin dans cette opération si nuisible aux branches. On laisse mûrir les châtaignes dans leurs coques, et on les en sépare ensuite, et on les fait sécher au soleil. Dans quelques localités on les dépouille de leur peau, et on les fume ou on les fait sécher au four. L'usage des châtaignes est très-connu : c'est une substance alimentaire de première nécessité dans certaines provinces. On les distingue en marrons et en châtaignes. Les marrons de Lyon, d'Agen, d'Aubray, de Luc sont fort estimés, et on cultive huit ou dix variétés de châtaignes, parmi lesquelles on distingue la *gamaude*, la *verte du limousin*, la *pourtalonne*, etc.

COGNASSIER commun (*pyrus cydonia*). Arbre tortu, peù élevé, du midi de l'Europe, qui fleurit en avril et mai, et mùrit ses fruits en automne. On le multiplie de semences, rejetons, boutures et marcottes; les variétés de la Chine et du Portugal seules se greffent sur le type, en fente ou en écusson. On sème les pepins dans des sillons peu profonds, en terre convenablement préparée, et l'on recouvre d'un pouce et demi de terre ou terreau. On arrache les mauvaises herbes, et au printemps suivant, les graines ayant levé, on éclaircit le plant en remplissant les vides. Le procédé du semis est excellent, mais il est long ; c'est pourquoi on lui préfère la bouture, qui se fait de la manière suivante. On coupe au printemps, avant toute végétation, des jeunes pousses de l'année précédente, en leur laissant, si on le peut, un petit talon de bois de deux ans. On les plante ensuite en rangs espacés de 2 pieds, et à 18 pouces d'écartement. On arrose, et souvent au mois de septembre on peut déjà les écussonner. Pour la multiplication par rejetons, on coupe le tronc d'un vieux cognassier au niveau du sol, et on le recouvre de terre amoncelée. Les jeunes pousses qui en sortent peuvent être levées l'année suivante, mises en pépinière et greffées. Les cognassiers viennent assez bien partout ; néanmoins les sols légers, frais et calcaires leur conviennent mieux, ainsi que l'exposition du couchant et du levant. Ceux de la Chine et du Portugal préfèrent le midi. Comme ces arbres donnent leurs fleurs au bout des branches, on ne peut les soumettre à une taille régulière.

On cultive deux variétés de cognassier, qui ont elles-mêmes fourni des sous-variétés. — Cognassier de Portugal. — D'Angers. *Sous-var.* — Cognassier commun.—Poirier. *Id.*—Pommier. *Id.*

On fait avec ce fruit d'excellentes gelées et compotes.

ÉPINE-VINETTE, VINETIER (*berberis vulgaris*). Cet arbrisseau indigène, épineux, à fruit en grappes, se multiplie de graines, ou mieux de rejetons, marcottes ou éclats, séparés et plantés en automne. Il est fort peu difficile sur la qualité du terrain, il exige seulement quelques labours. On en cultive plusieurs variétés, qui sont : le vinetier ordinaire. — Du Canada. — A fruits violets.—A gros fruits.—A gros fruits rouges sans pepins.

FIGUIER CULTIVÉ (*ficus carica*). Arbre indigène de 15 à 25 pieds, donnant ordinairement deux récoltes par an. On le multiplie de semences, marcottes, rejetons, boutures, ou par la greffe en fente, en couronne ou en sifflet. Les boutures se font au printemps, avec du bois de deux ans. On prépare un trou de 2 pieds de profondeur sur 2 de large, dans lequel on plante une branche de 2 pieds et demi à 3 pieds, ayant dans le bas un ou deux rameaux, en ayant soin de ménager le bouton ou l'œil supérieur. On arrose ensuite jusqu'à parfaite reprise. La multiplication par rejetons se fait en les détachant des vieux pieds lorsqu'ils sont assez forts pour fructifier en peu de temps, c'est-à-dire à l'âge de deux ans environ. Les marcottes se font en mars et avril, sur des branches du même âge, qu'on couche en terre tout simplement, et qu'on sèvre au printemps. On les plante ensuite dans un trou préparé comme nous l'avons dit pour les boutures, et l'on arrose. Quelquefois on les fait en pot ou en panier pour les replanter avec la motte.

Le semis ne s'emploie guère que pour obtenir de nouvelles variétés. On prend des fruits très-mûrs, ou mieux, séchés sur l'arbre; on les écrase et on les lave; on recueille ainsi la graine qui tombe et reste au fond du vase. Dans le Midi, on sème en terre meuble, on recouvre peu et l'on arrose modérément. Dans le Nord on est obligé de semer sur couche et en terrine, et l'on rentre le plant en orangerie, pendant un ou deux hivers, après quoi on le met en place, en pleine terre légère, sablonneuse et chaude; il se plaît volontiers au nord dans les décombres; au midi on peut le planter au pied d'un mur, ou même dans une cour pavée. Il est des précautions à prendre pour lui faire passer l'hiver sous le climat de Paris. Dans les terres ordinaires, on l'enveloppe de paille; si la terre est bien sèche et saine, on peut enterrer les branches du figuier en les courbant doucement dans une fosse creusée au pied du tronc, et en recouvrant le tout de 6 pouces de terre, sur laquelle on ajoute encore, si le froid devient rigoureux, une couche de litière ou de feuilles sèches. On les déterre après le dégel.

On empêche les figues de tomber avant qu'elles soient mûres en pinçant le bouton terminal du rameau qui les porte, ou en donnant des arrosements pour maintenir la terre trop sèche dans un meilleur état. On peut avoir des fruits mûrs quelques jours plus tôt en piquant leur tête avec une épingle trempée dans l'huile.

Les figues sont d'excellents fruits, mangés frais ; et séchés, ils sont encore fort bons et recommandés dans certains cas de maladie. On cultive beaucoup de variétés de figuier, parmi lesquelles nous citerons les plus estimées aux environs de Paris. Figue d'Argenteuil ; — blanche ou grosse blanche ronde ; — coucourelle blanche ; — royale ou de Versailles ; — violette, mouissonne ; — poire, figue de Bordeaux, petite aubique ; — de Grasse ; — de Salerne ; — de Marseille ; — barnissotte, ou grosse bourjassotte, etc.

FRAMBOISIER (*rubus*). Arbrisseau plus ou moins garni d'épines, suivant la variété. On le multiplie ordinairement par les rejetons qui croissent au pied, en les détachant des souches en hiver, et en les plantant de préférence dans un sol léger, frais et ombragé. On ne sème sa graine que pour obtenir de nouvelles variétés, en suivant dans ce cas la même marche que pour le mûrier.

Tous les ans il faut donner aux framboisiers un labour superficiel, et tous les quatre ou cinq ans il faut les changer de place, attendu qu'ils épuisent considérablement la terre qu'ils occupent.

Les fruits excellents qu'ils produisent ont quelque analogie avec la fraise ; ils mûrissent en juillet. Le FRAMBOISIER ROUGE COMMUN (*rubus idœus*), le seul dont nous nous occupons ici, a fourni les variétés suivantes : Framboisier rouge à gros fruits ; — à gros fruits couleur de chair ; — à fruits blancs ; — à fruits blancs, ambrés;—des Alpes, de tous les mois.

GRENADIER (*punica granatum*). Cet arbre, originaire de l'Afrique où il a atteint 20 à 25 pieds, n'est guère qu'un arbrisseau sous le climat de Paris, où d'ailleurs on ne peut le cultiver que comme arbre d'agrément, attendu qu'il ne produit sûrement de fruit qu'au delà du 43me degré de latitude. On le multiplie de semences au printemps, de marcottes par strangulation et de boutures. Il demande un terrain sec, chaud et substantiel. On le traite au reste de la même manière que l'*oranger* (voyez. cet art.).

GROSEILLER (*ribes*). Ce genre comprend de fort jolis arbrisseaux avec ou sans épines, dont on cultive un grand nombre de variétés. On les multiplie de graines auxquelles on donne les mêmes soins qu'aux autres pepins; de boutures, au printemps ou en automne, ou mieux de rejetons détachés des vieux pieds, ou de marcottes, à la même époque. On doit les planter de préférence en terre douce, un peu sablonneuse et fraîche, et tous les soins à leur donner se bornent à quelques labours. Il faut renouveler ces arbrisseaux lorsque leurs branches se couvrent de mousse, ce qui arrive au bout de cinq ou six ans. Si l'on veut conserver les groseilles longtemps sur l'arbrisseau, on n'a qu'à envelopper celui-ci de paille avant l'entière maturité des fruits.

On distingue les groseillers en tiges sans épines et tiges épineuses. Ceux à tiges sans épines sont: le *groseiller commun*, ou *à grappes*, dont on cultive 6 ou 7 variétés à fruits rouges ou blancs; la *groseiller à fruits noirs*, *cacis*, ou *poivrier*, qui a 2 variétés; le *groseiller à maquereau* forme la seconde catégorie; les Anglais en comptent plus de 300 variétés qui se divisent ainsi :

Groseiller à maquereau à fruits verts ou *jaunes,* — fruits hérissés, — fruits lisses; *id. à fruits rouges* ou *violets,* — fruits hérissés, — fruits lisses.

On fait avec ces fruits d'excellentes confitures, des sirops, et avec ceux du groseiller noir, une liqueur très-agréable, le *cacis.*

JUJUBIER cultivé (*ziziphus sativa*). Arbrisseau très-épineux, de l'Orient, à fruits de la forme d'une olive, verts d'abord, puis rouges en passant par le jaune. On le cultive beaucoup dans la Provence et le Languedoc. Il se multiplie de noyaux que l'on fait stratifier, ou que l'on sème aussitôt la maturité, ou de rejetons et de marcottes par strangulation. Sous le climat de Paris, on le sème en pots, sur couche et sous châssis, et on le cultive en orangerie. Ses fruits, nommés *jujubes,* sont très-agréables au goût ; on les mange frais ou séchés. Ils ne mûrissent guère que dans le midi de la France.

MURIER (*morus*). La plupart de ces arbres ont les fleurs mâles sur un individu et les femelles sur un autre. On cultive plusieurs espèces, qui se multiplient de semences, boutures et marcottes. On se procure des graines en écrasant et lavant les mûres, comme nous l'avons dit des framboises et de fruits semblables, et l'on sème au printemps en bonne terre meuble. La seconde ou la troisième année, au printemps, on peut replacer le jeune plant en pépinière, et l'année d'ensuite, on le greffera en fente, en écusson ou en flûte. On fait les boutures en terre légère et fraîche, au printemps, avec du bois d'un

n. On doit être sobre d'arrosements ; après la re-
ise, on les traite comme les sujets de pépinière,
est-à-dire qu'on les met en place à mi-soleil et à
abri du nord, en terre forte, humide et chaude ;
se plaisent beaucoup dans les cours, parmi les
ruines et les décombres. La mise en place ne doit
opérer que lorsque les sujets ont de 3 à 4 pouces
circonférence. On fait les marcottes par strangu-
tion ou comme nous avons expliqué pour celles de
ognassier. On cultive le mûrier également pour ses
feuilles, qui servent à nourrir les vers à soie, et
pour ses fruits, dont le goût est fort agréable, et
avec lesquels on fait des sirops et des confitures. On
se sert du bois pour divers ouvrages de tour et de
gravure. On peut également tirer des jeunes tiges,
en les traitant comme le chanvre, une espèce de fi-
asse grossière.

Voici les principales espèces que l'on cultive pour
ers fruits : Mûrier blanc. — D'Italie. — Blanc d'Es-
gne. — Mûrier noir. — Rouge.

NÉFLIER, MESPLIER (*mespilus germanica*). In-
gène. Cet arbrisseau se multiplie de semences qui
ettent deux ans à lever, et par la greffe en fente
en écusson sur son type, ou sur l'aubépine, le
gnassier et le poirier. Sa culture est extrêmement
mple ; tous les terrains, à l'exception des marais,
toutes les expositions, lui conviennent. Dans les
res franches, calcaires ou chaudes, il prend
aucoup de développement. Les fruits, plus ou
oins gros suivant la variété, se récoltent au mois
octobre, et on les met sur la paille, à l'abri, pour
ur faire acquérir l'état de blette, car ce n'est

qu'alors qu'ils sont devenus mangeables. On cultive les variétés suivantes : Néflier à gros fruits ronds. — A fruit long. — A fruit précoce. — A fruit sans pepin.

NOISETIER , COUDRIER (*corylus*). On peut former avec cette espèce des buissons, ou des arbres qui sont susceptibles d'un assez grand développement. Quand on multiplie les noisetiers par le semis, il faut les greffer pour avoir de bons fruits. Il vaut toujours mieux les multiplier par boutures ou reje-tons enracinés séparés à l'automne, ou mieux en-core de marcottes par strangulation , faites à la même époque. Ce n'est guère qu'au bout de deux ou trois ans que le noisetier donne des fruits, dont l'amande fournit une huile fort estimée , et dont on fait également des dragées. On peut tirer de son bois des liens et des cerceaux. Voici les noms des espèces et variétés cultivées :

Noisetier commun ou *avelinier.* — Franc à amande blanche.—A fruit rouge.—A feuilles d'or-tie.—Aveline des bois.—Aveline de Provence.— A feuilles pourpres.

Noisetier avelinier rouge.—A fruits ovales.

Noisetier à fruits en grappes. — Noisetier cornu. — Noisetier d'Amérique. — Noisetier de Byzance.—Noisetier glabre.

NOYER (*juglans*). Arbre de première grandeur pivotant, à racines latérales s'étendant très-loin. On le multiplie par le semis, suivi de la greffe en flûte, en fente ou en écusson. Pour semer, on choisit les plus beaux fruits qu'on laisse dans leur brou ou enveloppe; quand elles s'en détachent, on les met stratifier depuis le commencement de l'hiver jusqu'en février et mars. Dans un terrain défoncé de 18 à 20 pouces, non fumé, on trace des rayons de 30 pouces d'écartement, et l'on y plante les noix à 2 pieds de distance et à 2 ou 3 pouces de profondeur. Après les soins ordinaires de la pépinière, et lorsque les plants ont acquis une certaine force, on déplante, par une journée de printemps, un pied sur deux, de façon que la distance entre ceux qui restent soit doublée : on remplace les difformes et on en plante où la semence n'a pas levé. On dirige ensuite les sujets de manière à leur former une belle tige. On peut aussi, en enfonçant verticalement la bêche entre chaque plant, couper les racines qui s'écartent trop, et les forcer ainsi à produire du chevelu, ce qui facilite singulièrement la reprise. On peut greffer en pépinière lorsque les sujets ont atteint un diamètre de 18 lignes, quoiqu'il vaille peut-être mieux attendre la mise en place. Il faut en tout cas lier les jets de la greffe à de petits tuteurs fixés sur la tige, attendu que cette greffe se décolle facilement. La mise en place doit se faire au printemps, dans une terre défoncée de 3 à 4 pieds, et autant que possible avec la motte. On distance les arbres de 36 à 72 pieds, suivant la nature du terrain, qui doit être de préférence profond, rocailleux, léger ou sablonneux. Dans les terres rouges et calcaires, ces arbres deviennent superbes. Ils ont besoin du grand air, et l'on ne peut pas récolter grand'chose sous leur ombre. Ils supportent très-bien le froid jusqu'à dix ou douze degrés.

Le noyer est un arbre de première utilité : on

fait avec son amande, très-estimée comme aliment, de l'huile à manger et qui sert dans les arts; on fait de la teinture avec les feuilles, la racine et l'écorce ; de la liqueur avec le brou ; enfin son bois est un des plus estimés dans la menuiserie et l'ébénisterie.

Nous allons nommer les variétés d'Europe qui sont le plus cultivées.

Noyer cultivé.—Commun.—A coque tendre, ou noyer mélangé.—Tardif.—A gros fruits.—A gros fruits longs.—A fruits anguleux.—A petits fruits ronds. — A fruits mucronés. — A noix à bijoux.— A grappes.

OLIVIER cultivé (*olea europœa*). C'est encore un de ces arbres qui, comme le précédent et le suivant, ne réussissent bien en pleine terre qu'au-dessous du 43me degré de latitude. Celui-ci est originaire de l'Europe méridionale; il acquiert de 15 à 25 pieds de hauteur; ses feuilles sont persistantes. On le multiplie de semences, marcottes, boutures et rejetons, ou par la greffe en fente ou en approche, sur le troëne commun ou celui du Japon. Il faut, pour semer, se procurer des noyaux d'olives sauvages (celles de l'Archipel grec sont excellentes), et les semer aussitôt la maturité (si mieux on n'aime les faire stratifier), à 3 pieds de distance en tous sens; on les arrache avec beaucoup de précaution, lorsque le plant est assez fort, et l'on met en place à 30, 40 ou 50 pieds d'écartement, suivant la qualité du terrain, qui doit être de préférence léger et chaud. Les bords de la mer conviennent parfaitement à l'olivier. Cet arbre devient superbe dans les terres substantielles et franches, mais les fruits sont meilleurs dans celles qui sont maigres et sablonneuses. On greffe lorsque la reprise est parfaite. Obtenu par le semis, l'olivier ne fructifie guère qu'au bout de quinze ans.

On peut relever des rejetons de trois ans au pied de l'olivier, et les mettre en place. Il est toujours bon, dans tous les cas, de débarrasser le pied de ces arbres des rejetons qui l'appauvrissent. Les boutures se font au printemps et à l'automne avec du jeune bois : on les met en pépinière, où on les soigne jusqu'à ce que les sujets soient assez forts pour être mis en place. On fait les marcottes avec de grosses branches que l'on couche en terre, et qu'on détache l'année suivante. On peut cultiver des légumes ou des céréales sous les oliviers ; ils viennent bien et les engrais qu'ils exigent profitent également aux arbres.

Les fruits de l'olivier se mangent marinés et sont employés comme assaisonnement. Leur principal usage consiste dans l'excellente huile que l'on en tire. Le bois de cet arbre est odorant et assez joli pour être recherché par les ébénistes.

Voici les noms des principales variétés cultivées dans le midi de la France :

Olivier sauvage ; — franc amelou ; — picholine ; — cayanne ; — cormeau ; — moureau ; — royal ; — à fruits longs ; — à fruits blancs ; — verdale ; — de Lucques.

ORANGER (*citrus*). D'Asie. Ce genre comprend sept espèces d'arbres, ou peut-être sept races dont les fruits ne sont pas tous mangeables, et qui ne se cultivent en pleine terre que dans une petite partie de la France ; dans le reste c'est un arbre d'agrément. Nous n'envisagerons néanmoins sa culture que dans le cas où elle est exécutée en pleine terre. L'oranger se multiplie de marcottes et par le semis au printemps, de pepins de citrons en pots, et si l'on a une couche on y enfonce les vases, ou bien on se contente de les mettre à exposition chaude. On arrose modérément la première année, et l'on arrache les mauvaises herbes. La seconde année, on lève le plant avec une petite motte, et l'on replace en pleine terre, à 8 ou 10 pouces de distance, après avoir coupé les petits rameaux et les feuilles inférieures. Après trois ou quatre ans on transplante en pépinière au printemps, à 18 pouces de distance, ou en place, à exposition libre et aérée, au midi, à 6 ou 7 pieds si on veut les cultiver en espalier, 8 ou 9 pour contre-espalier, 18 ou 20 pour plein-vent. A leur cinquième année, on peut les greffer en variétés à fruits doux, et il vaut mieux le faire lorsqu'ils sont en place que lorsqu'ils sont encore en pépinière. On peut aussi semer des pepins d'orange, mais ils sont beaucoup plus lents à pousser et à devenir capables de porter la greffe.

On doit arroser fréquemment les jeunes orangers, les visiter souvent pour détruire les insectes et les limaces, donner un ou deux binages par an et arracher les mauvaises herbes. Lorsqu'ils sont en place, on donne un profond labour, au printemps, et un autre semblable, à l'automne. Les engrais qu'on doit employer tiennent beaucoup à la qualité du terrain ; il deviendrait donc difficile d'en déterminer la nature. Cette opération se fait de septembre en octobre, ou en février et mars, en creusant une fosse autour de l'arbre à 18 pouces du tronc, et à 2 ou

10 pouces de profondeur, qu'on remplit d'engrais sur lequel on jette la terre des fouilles. Les arrosements doivent être faits avec de l'eau élevée à la température de l'atmosphère, et de juin en septembre.

PÊCHER (*amygdalus persica*). Cet arbre, qui produit un des meilleurs fruits connus, fleurit en mars, avant le développement de ses feuilles. On le multiplie rarement de semences, mais presque toujours par la greffe en écusson ou à œil dormant sur l'amandier et le prunier. Nous n'avons donc pas à nous occuper de sa culture pendant les deux ou trois premières années. Nous renvoyons à l'article *amandier* ou *prunier*. Disons seulement que pour les cas rares de semis, on choisit les plus beaux fruits, et qu'on les traite comme ceux de l'amandier. Quelques variétés, entre autres les madeleines, se reproduisent identiquement par le semis.

On doit préférer généralement pour sujet, dans les cas où l'on greffe sur amandier, une variété à amande douce et à coque dure. L'amandier-pêche, malheureusement trop rare, est excellent pour cet objet. Quand on greffe sur prunier, on doit toujours le faire sur des sujets de semis. Nous avons déjà dit que le *damas noir* et le *St-Julien* étaient les espèces les plus propices.

On plante les pêchers en plein vent ou en espalier. Dans les deux cas, le terrain doit être défoncé par l'ouverture d'une tranchée de 5 ou 6 pieds de large sur 4 de profondeur, dont la terre sera passée à la claie et mélangée de bons engrais avant d'être remise à sa place, à moins qu'on ne la remplace, ce qui vaut mieux, par de la terre fumée et mûrie en tas. On plante généralement les sujets en automne, on recouvre la plate-bande, cette année et les suivantes, à la même époque, de 2 ou 3 pouces de fumier qu'on enterre en donnant un labour au printemps. On fera fort bien de ne rien cultiver dans les plates-bandes et d'arracher constamment les mauvaises herbes. Un labour léger, à la fourche, suffit tous les ans après la taille, dont on trouvera, comme nous l'avons dit, le description aux *principes généraux* qui sont en tête de cet ouvrage. On fait quelques sarclages et l'on couvre la plate-bande de hachis de paille. On arrose, pendant la chaleur, les branches et les feuilles avec un arrosoir à trous très-petits; le pied, en cas de grande sécheresse, s'arrose abondamment au moyen d'une petite fosse que l'on y creuse, que l'on remplit d'eau et que l'on comble ensuite. Lorsque les fruits commencent à mûrir, on cesse les arrosements. Il est bon de retrancher les fruits trop serrés, comme nous l'avons dit pour l'abricotier.

Les pêchers sont sujets à plusieurs maladies, et très-exposés aux ravages des insectes. C'est pourquoi on fera bien de les visiter souvent, soit pour détruire les animaux, soit pour balayer doucement la neige et le givre qui couvrent leurs branches en hiver, soit, en été, pour les abriter des trop grandes ardeurs du soleil, au moyen de toiles ou de paillassons tendus à quelque distance de l'arbre.

Les murs contre lesquels on doit planter les pêchers ne doivent jamais être exposés au nord, sous le climat de Paris surtout. On expose au midi les espèces tardives et les hâtives : on assure ainsi la maturité des premières, et on rend les secondes encore plus précoces. Si l'arbre est palissé à la loque, c'est-à-dire si ses branches sont attachées le long du mur avec des clous, il est nécessaire que ce mur ait un chaperon qui déborde au moins de 4 ou 5 pouces; il devra déborder de 6 ou 7 si l'arbre est fixé sur un treillage. C'est à ce chaperon que l'on assujettira les barres de bois ou de fer qui doivent supporter les paillassons destinés à garantir la floraison des gelées tardives du printemps.

Les fruits demandent quelques soins pour arriver à parfaite maturité. Lorsqu'ils ont acquis environ les deux tiers de leur taille, on les découvre petit à petit, en coupant graduellement les feuilles qui leur interceptent l'air et la lumière, de façon qu'ils soient découverts à peu près entièrement quinze jours avant la maturité. Celle-ci se reconnaît au coloris seulement; car on ne doit jamais tâter une pêche, ce qui la ferait pourrir. On doit les cueillir avec beaucoup de précautions.

Nous n'avons pas besoin de parler des qualités de cet excellent fruit, que tout le monde connaît. Il en existe un grand nombre de variétés, très-difficiles à classer, et parmi lesquelles nous allons citer les meilleures, avec l'époque de leur maturité.

Pêches à fruits couverts de duvet, et à chair quittant le noyau. Pêche vineuse de Fromentin, mi-août; — belle bausse, fin d'août; — grosse mignonne, *id.;* — abricotée, mi-octobre; — Dubois violette, — de Malte, fin d'août et commencement de septembre; — Madeleine de Courson, *id.;* — admirable, mi-septembre; — alberge jaune, fin d'août ; — chevreuse hâtive , commencement de septembre ; — chancelière , mi-septembre ; — chevreuse tardive, fin de septembre ; — Madeleine à moyennes fleurs , *id. ;* — galande, fin d'août ; — bonne grosse , fin de septembre ; — bourdine, mi-septembre ; — téton de Vénus , fin de septembre ; — nivette, *id. ;* — royale, commencement d'octobre.

Id. , à chair adhérente au noyau. Pêche Pavie-Madeleine , fin de septembre ; — Pavie-alberge , *id.*

Pêches sans duvet, à chair quittant le noyau. Pêche Després , mi-août.

Id., adhérente au noyau. Pêche-cerise, août ; — violette hâtive, commencement de septembre.

PISTACHIER cultivé (*pistacia vera aut trifolia*). Cet arbre, originaire de la Syrie, atteint environ une vingtaine de pieds de hauteur. Ses fleurs femelles sont sur un individu, et les mâles sur un autre, ce qui force à avoir les deux pour obtenir une récolte. Un seul mâle peut, il est vrai, servir pour beaucoup de femelles. On le multiplie par semis en terrine ou en pot, aussitôt la maturité des fruits, dans une couche tiède et sous châssis. On replante avec la motte au bout d'un certain temps, dans un pot plus grand, qu'on laisse trois ou quatre ans en orangerie ; on le place définitivement en pleine terre, franche, légère, à exposition chaude , au pied d'un mur au midi, en espalier si l'on veut, et dans ce cas on n'a pas besoin de le tailler. Il exige une couverture de paille pendant les grands froids. Dans le midi, il est inutile de lui faire passer trois années en orangerie, on peut le mettre en place de suite. On peut encore le multiplier de marcottes, ou par la greffe sur lé térébinthe (*pistacia terebinthus*). Il est alors beaucoup plus vigoureux.

L'amande verdâtre contenue dans son fruit est employée par les confiseurs, sous le nom de *pistache*, dans la confection des dragées.

POIRIER (*pyrus communis*). Arbre indigène de 10 à 50 pieds, suivant la variété, à racines pivolantes ; il fleurit en avril. On en cultive une infinité de variétés, qui se multiplient par la greffe sur sauvageon, sur franc ou sur cognassier. Les sujets francs s'obtiennent par le semis que l'on fait avec des pepins de bons fruits, séchés d'abord à l'air, puis conservés dans du sable sec ; on les dépose, au printemps, dans une terre douce, profonde et substantielle, bien préparée. On recouvre le semis de deux doigts de terre, puis on paille, et après la germination, on sarcle, on bine, et l'on éclaircit s'il en est besoin. On le laisse ainsi deux ans en place ; on greffe les sujets lorsqu'ils ont la hauteur convenable, soit à haute ou basse tige, en écusson ou en fente. L'année d'ensuite on les met en place, en terre franche, profonde, fraîche, et plutôt légère que forte.

Les poiriers en espalier doivent être préservés des gelées tardives, au moyen de paillassons et de toiles, comme nous l'avons dit pour les pêchers. Il est utile de débarrasser l'arbre lorsqu'il est trop chargé de fruits. En général, les poiriers donnent beaucoup de fruit une année, et peu la suivante ; ils exigent un bon engrais tous les quatre ou cinq ans, des labours convenables et des soins pour les préserver des insectes, ainsi que des mousses et lichens qui les couvrent souvent dans les terrains maigres. Quand l'arbre dépérit par vieillesse, on peut, en le rapprochant jusque sur son tronc, lui donner encore quelques années de vie.

Nous nous bornerons à donner le nom des variétés les plus remarquables, en suivant l'ordre de leur maturité.

Mûrissant en juin. Poire amiré Joannet. — Petit muscat.

Juillet. — Muscat Robert. — Orate. — Bourdon musqué. — Rousselet hâtif. — Madeleine. — Cuisse-madame. — Gros blanquet. — Bellissime d'été. — Gros hâtiveau.

Août. — Petit blanquet. — Blanquette à longue queue. — Épargne. — Sans peau. — Salviati. — Orange musquée. — Orange rouge. — Belle de Bruxelles. — Rousselet de Reims. — Médaille.

Septembre. — Bon chrétien d'été. — Ah! mon Dieu! — Épine d'été. — Bergamotte d'été. — Beurré du Coloma. — Orange tulipée. — Gros rousselet. — Doyenné blanc. — Caillou rosat. — Beurré gris. — Beurré d'Angleterre. — Calebasse.

Octobre. — Crassane, crésane. — Verte-longue, — Mouille-bouche. — Doyenné galeux. — Bergamotte d'automne. — De vigne. — Messire-Jean. — Vermillon. — Sucré vert. — Jalousie. — Martin sec. — Rousseline. — Beurré d'Aremberg. — Duchesse d'Angoulême. — St-Germain. — Ambrette. — De Sieulle.

Décembre. — Royale d'hiver. — Bonne-ente. — Passe-Colmar.

Janvier. —Bergamotte de Pâques ou d'hiver. —Colmar.—Bon chrétien d'hiver.

Février. — Muscat l'allemand.

Mars.—Bon chrétien de Bruxelles.—Colmar doré. —Bergamotte de la Pentecôte.

POMMIER commun (*malus communis*). Arbre indigène, de deuxième grandeur, à racines traçantes; ses fleurs sensibles à la chaleur ne lui permettent pas de réussir dans les climats trop chauds. On en cultive un très-grand nombre de variétés, qui se multiplient de semis, de rejetons, ou par la greffe, qui s'exécute généralement sur doucin. On choisit des pepins d'espèces plus ou moins cultivées suivant l'élévation qu'on veut donner à ses arbres, c'est-à-dire des pepins de sauvageons pour obtenir des sujets vigoureux et élevés, des pepins de fruits à couteau ou de doucin, pour obtenir des arbres de moyenne taille, et enfin des rejetons de paradis pour avoir des pommiers nains. C'est ainsi que l'on fait pour le semis du poirier. Les soins à donner à la pépinière sont ceux que nous avons décrits brièvement à l'article *Poirier*, seulement on donne aux pommiers des labours moins profonds.

Lorsqu'on met en place en plein vent, il faut espacer les arbres de 30 à 40 pieds, suivant la variété et la nature du sol, qu'on choisira préférablement franc, doux, un peu frais, à toute exposition, excepté celle du midi.

Quand le pommier est vieux, on peut lui faire, comme nous l'avons dit pour le poirier, une amputation. Il exige les mêmes soins et est sujet aux mêmes maladies, la carie, les chancres, etc.

Nous allons donner, comme pour l'article précédent, la nomenclature des espèces les plus estimées, en les rangeant par époques de maturité.

Juin.—Pommier paradis.

Juillet.—Calville d'été.

Août.—Postophe d'été.—Montalivet d'été.

Septembre. — Reinette jaune hâtive. — Belle d'août.

Octobre. — Des quatre goûts. — Nompareille.— De deux goûts. — Reinette du Canada. — Reinette grise du Canada.—Reinette de Hollande.—Reinette tendre.—Reinette rousse.—Gros pigeonnet.—Petit pigeonnet.

Novembre.—Maltranche rouge.—Calville rouge d'hiver.—Reinette naine.

Décembre.—Calville blanche.—Cœur de bœuf. — Api.—Double-api.—Gros-api.—Fenouillet gris. —Pomme d'or.—Reinette d'Angleterre.—Reinette dorée. — Reinette de Caux. — Postophe d'hiver. —

Janvier.—Haute-bonté.—Reinette grise bec-de-lièvre.—Montalivet.

Février.—Fenouillet rouge.—Reinette rouge.— *Id.* blanche.—*Id.* franche.

PRUNIER (*prunus*). Ce genre renferme plusieurs espèces et un grand nombre de variétés. Voici la description des espèces connues.

Prunier de Myrobolan (*p. myrobolana*). De l'Amérique du Nord, à fruit rouge, turbiné; de la grosseur d'une cerise. Il en existe une variété à feuilles plus petites et à fruits violets.

Prunier chicasan (*p. chicasa*). Fruit jaune; *var.* à fruit rouge.

Prunier cultivé (*p. domestica*). C'est le type des nombreuses variétés que l'on cultive en Europe. Ses racines sont traçantes. On le multiplie de semences, de rejetons, ou par la greffe en écusson sur les jeunes sujets, et en fente sur ceux d'une certaine grosseur.

On choisit pour semis les noyaux du *damas* ou du *Saint-Julien*: on les fait stratifier et on les met en place au printemps, en leur donnant les soins indiqués pour l'amandier et l'abricotier.

On emploie souvent la multiplication par rejetons, mais, quoiqu'elle soit le moyen le plus court, elle offre beaucoup d'inconvénients à cause des racines presque rampantes qu'émettent les rejetons, et qui gênent les labours. On cultive du reste les pruniers comme les autres fruits à noyau, en observant de couper les rejetons à mesure qu'ils apparaissent. Il faut aussi débarrasser les arbres de leur trop grande quantité de fruits : souvent, malgré cette précaution, on est encore obligé de soutenir les branches avec des bâtons à l'approche de la maturité. Les prunes se mangent crues, cuites, séchées. Le bois du prunier est estimé par les ébénistes et les menuisiers.

Voici l'énumération des variétés les plus répandues, avec l'époque de leur récolte,

Prune reine-claude, abricot vert. Août. — *Id*. dauphine. Août-octobre.—*Id*. violette. Août.—De Catalogne. Commencement de juillet.— Précoce de Tours. Mi-juillet.—Royale hâtive. Comm. de juillet. —Monsieur. Fin de juillet.—*Id*. bâtif. Mi-juillet. — Pêche. Fin de juillet. — Royale de Tours. *Id*.— Damas musquée. Mi-août.—Grosse mirabelle. *Id*.—

Petite mirabelle. *Id*.—De Jérusalem. Septembre.—
Damas de septembre. *Id*.— Monsieur tardif. De septembre en novembre. — Brignole. Septembre. —
Sainte-Catherine. Septembre-octobre.— Saint-Martin. Octobre novembre.

SORBIER DOMESTIQUE, CORMIER (*sorbus domestica*).
Arbre indigène, de 40 à 50 pieds, se multipliant de pepins traités absolument comme ceux du poirier, et moins délicats à soigner. On les greffe en haut de la tige si l'on veut qu'ils produisent plus tôt et que le bois soit plus beau. Les terres franches, fraîches et légères leur conviennent parfaitement; ils réussissent très-bien sur le bord des chemins, des haies, dans les vignes, les enclos, etc. Malheureusement, il faut souvent une trentaine d'années pour qu'ils donnent des fruits, ce qui fait que leur culture est très-peu répandue, quoique l'utilité de cet arbre soit incontestable. Ses fruits nommés *sorbes* ou *cormes*, se mangent blets comme ceux du néflier : on en fait du cidre très-fort ; enfin son bois est très-recherché, à cause de sa dureté et du beau poli dont il est susceptible.

On en cultive cinq variétés, qui sont : le sorbier franc, à fruit petit. —A fruits pyriformes, un peu plus gros.—A fruits ovales, plus allongés.—A petits fruits rouges, très-acerbes.—A gros fruits rouges, plus gros et meilleurs.

VIGNE (*vitis vinifera*). Cet arbrisseau précieux est originaire de l'Asie, et fut apporté dans notre pays par les Phocéens qui vinrent fonder la ville de Marseille. On en connaît un nombre immense de variétés ; mais nous devons nous borner à ne citer ici que celles que l'on cultive généralement dans nos jardins , et qui sont : le *Chasselas de Fontaine-bleau,* blanc ou plutôt jaunâtre , gros , excellent.— *Chasselas cioutat ,* comme le précédent , mais à feuilles laciniées. — *Muscat blanc ,* très-musqué , fort bon, mûrissant très-difficilement sous le climat de Paris. — *Cornichon blanc,* à grains très-allongés et arqués. — *Chasselas panaché ,* à grains blanchâtres panachés de rouge. — *Madeleine ,* à grains noirs, mûrissant en juillet et août.— *Muscat noir,* id. *rouge ,* id. *violet ,* mûrissant mal à Paris. — *Chasselas rouge ,* d'assez médiocre qualité.

La vigne est très-sensible aux influences du climat , et réussit mal au-dessus de la latitude de Paris ; mais elle est peu difficile sur la qualité du sol, pourvu qu'il ne soit ni trop humide ni marécageux ; cependant elle préfère les terres calcaires , légères, profondes et chaudes. Ses racines se plaisent à travers les pierres et les rocailles , et s'enfoncent à une grande profondeur dans les fissures des rochers. On la multiplie de boutures à crossette, et de marcottes simples. Les boutures se font en mars et avril , ainsi que les marcottes , et on lève ces dernières lorsqu'elles sont enracinées, au printemps, pour les mettre en place. Les unes et les autres se plantent dans des trous ayant au moins 15 pouces de profondeur, avec le soin de ne laisser hors de terre que deux boutons ou yeux. On sarcle, on bine, et l'on donne au moins deux bons labours par an.

La taille se fait aussitôt que les grosses gelées sont passées, et l'on élève les pieds de manière à leur former deux, quatre ou six branches principales horizontales, comme nous le disons dans nos principes généraux. L'essentiel est de ne jamais tailler sur plus de deux yeux, afin de ne pas épuiser le sujet, et, à mesure que les bourgeons se développent, de supprimer rigoureusement ceux qui sont mal placés. Sans ces conditions indispensables, on n'obtiendrait que des fruits petits, de mauvaise qualité, et la vigne serait bientôt épuisée de manière à ne pouvoir jamais se remettre. Tous les trois ans au plus, on donnera une bonne fumure avec des engrais consommés.

FIN

www.ingramcontent.com/pod-product-compliance
Ingram Content Group UK Ltd.
Pitfield, Milton Keynes, MK11 3LW, UK
UKHW021256180726
13837UKWH00007B/473